現代数学への入門　新装版

複素関数入門

現代数学への入門　新装版

複素関数入門

神保道夫

岩波書店

まえがき

　微分積分学の第一歩は，実数 x を変数とする関数 $y = f(x)$ の解析をめぐって展開される．ここで x も y も複素数の範囲に広げたものを複素関数といい，その微積分の理論は伝統的に複素関数論（あるいは単に関数論）とよばれる．言ってみればそれだけの，一見平凡な拡張から，意外にも驚くほど美しい調和に満ちた世界が開けてゆく．同時に複素関数は，具体的な問題の解決にしばしば絶大な威力を発揮する．複素関数論は理論の美しさと応用の広汎さを兼ね備えた 19 世紀数学の精華と言ってよい．微積分の初歩を習得した読者をこの豊かな世界に案内するのが本書の目標である．

　実は関数論の定評ある名著はすでに世に数多い．このうえ新たに一書を加える意味があるかどうか，著者としてはまことに心許ないが，なるべく少ない予備知識で複素関数に親しむことができるように努めたつもりである．本書はいわゆる「複素関数論」の解説というより，このシリーズの『微分と積分 1, 2』『現代解析学への誘い』の別冊と考えていただきたい．関数論の初歩の部分は決して難しいものではないし，ごく基礎的な知識を身につけるだけで非常に多くの応用が可能になる．本書をきっかけとして古典数学の良さ，面白さが少しでも読者に伝われば と願っている．

　本書は岩波講座『現代数学への入門』の 1 分冊として刊行されたものである．執筆時を通じて，編集委員の諸氏からは多くの注意やヒントをいただいた．また松野陽一郎氏は，原稿を通読の上，わかりにくい記述などを指摘して下さった．あらためて篤くお礼を申し上げたい．

　2003 年 11 月

神 保 道 夫

学習の手引き

複素関数の世界へ

　私たちは微積分を通じて，これまでに色々な関数に接してきた．2次関数や3次関数，さらに一般の多項式

$$f(z) = a_0 z^n + a_1 z^{n-1} + \cdots + a_n \tag{1}$$

について，その変化の様子を調べ，最大最小を求めること．あるいは関数のグラフに接線をひいたり，曲線が囲む図形の面積を求めること．微分積分学は，こういった問題の解決に普遍的な方法を与えてくれる．多項式(1)において $n \to \infty$ の極限を考えれば，さらに多くの関数が視野にはいってくることも思い出しておきたい(テイラー展開)．例えば

$$e^z = 1 + \frac{z}{1!} + \frac{z^2}{2!} + \cdots, \tag{2}$$

$$\cos z = 1 - \frac{z^2}{2!} + \frac{z^4}{4!} - \cdots, \tag{3}$$

$$\sin z = z - \frac{z^3}{3!} + \frac{z^5}{5!} - \cdots, \tag{4}$$

$$\frac{1}{1-z} = 1 + z + z^2 + \cdots,$$

$$\log\left(\frac{1}{1-z}\right) = z + \frac{z^2}{2} + \frac{z^3}{3} + \cdots$$

などのように．

　さて，微分積分学の対象は実数を変数とする関数であった．しかし多項式(1)に対しては，z を実数に限定しなくとも，そこに複素数 $x+iy$ を代入することが自然に意味を持っている．(そのときは関数のとる値もまた複素数になる．) 同じように，色々な関数についても変数 z を複素数の範囲にまで広げて考えてみたい．そのときどんな風景が見えてくるだろうか．

自然科学の森をさらに奥深く進んでいくと，級数や積分，微分方程式など
を通じて，これまで出会った以上に多くの面白い関数が登場し，豊かな世界
が開けてゆくことになる．そしてこれら多くの関数は，複素変数の関数と考
えたときにはじめてその本当の姿を明らかにするのである．複素数を変数と
する関数を単に「複素関数」と言うことが多い．本書で私たちが学ぶ「複素
関数論」は，一口に言えば複素関数に対する微積分の理論であり，個性ある
関数たちを自由自在に解析する基本的な手段である．

オイラーの関係式

複素関数を考えることが，なぜ自然であり大事なのだろうか．1つの例と
して，3角関数の加法公式をとりあげてみたい．

$$\cos(x+y) = \cos x \cos y - \sin x \sin y,$$
$$\sin(x+y) = \sin x \cos y + \cos x \sin y.$$

ここで，第2の式の両辺に虚数単位 i を掛けて第1の式に加えると，次のよ
うにずっと印象的な式にまとまる：

$$\cos(x+y) + i\sin(x+y) = (\cos x + i\sin x)(\cos y + i\sin y) \qquad (5)$$

ついでに，直接微分すれば

$$\frac{d}{dx}(\cos x + i\sin x) = -\sin x + i\cos x = i(\cos x + i\sin x)$$

となることにも注意しておこう．つまり $f(x) = \cos x + i\sin x$ は関係式

$$f(x+y) = f(x)f(y), \qquad \frac{d}{dx}f(x) = if(x)$$

を満たす．

これらの式は，私たちの知っている指数関数の性質

$$e^{\alpha(x+y)} = e^{\alpha x}e^{\alpha y}, \qquad \frac{d}{dx}e^{\alpha x} = \alpha e^{\alpha x}$$

において形式的に $\alpha = i$ とした形になっている．そうだとすれば，実は両者
は同一人物なのではなかろうか：

$$e^{ix} = \cos x + i\sin x. \qquad (6)$$

実際指数関数のベキ級数展開をよりどころにすると，次のようにこの関係を導くことができる．式(2)で，文字 z を ix と置き換えてみよう．列 i^n $(n = 0, 1, 2, \cdots)$ が $1, i, -1, -i, 1, i, \cdots$ と周期的に繰り返すことに注意して，偶数番目の項と奇数番目の項ごとにまとめ直すと

$$
\begin{aligned}
e^{ix} &= 1 + ix - \frac{x^2}{2!} - i\frac{x^3}{3!} + \frac{x^4}{4!} + i\frac{x^5}{5!} - \cdots \\
&= \left(1 - \frac{x^2}{2!} + \frac{x^4}{4!} - \cdots\right) + i\left(x - \frac{x^3}{3!} + \frac{x^5}{5!} - \cdots\right) \\
&= \cos x + i\sin x.
\end{aligned}
$$

最後の等式は3角関数のベキ級数展開(3),(4)と見比べて得られる．公式(6)は発見者にちなんでオイラーの関係式とよばれている．

この導出は鮮やかであるが，私たちはまた戸惑いも覚える．指数関数へ ix を代入することをどう意味づけたらよいのだろう？　もっとも素直な方法は，多項式を自然に複素関数と見なしたように，複素関数としての指数関数，3角関数をそのベキ級数展開(2)–(4)によって定義することだろう．多くの関数がこうしてベキ級数を通じて複素関数に拡張される．

複素数のベキ級数がどういうときに意味をもつかは本書の第2章で検討する．その基礎に立てば，上に述べた導出は数学的にまったく正当な議論であって，関係式(6)は実数に限らずどんな複素数 x に対しても成立するのである．

オイラーの関係式(6)は3角関数によって指数関数を表す式と読めるが，x を $-x$ に置き換えれば

$$
e^{-ix} = \cos x - i\sin x
$$

を得る．これを逆に解けば

$$
\cos x = \frac{e^{ix} + e^{-ix}}{2}, \qquad \sin x = \frac{e^{ix} - e^{-ix}}{2i}
$$

となり，3角関数を指数関数で表すことができる．こうして平面の「回転」に関係した3角関数と，それとは一見何の関係もない「指数法則」とが意外な形で結び付き，「複素変数の指数関数」という1つのものに統一されてし

x ——— 学習の手引き

まったわけである.

正弦関数の因数分解

多項式を表すには，(1)のように単項式の和で書くやりかただけでなく，因数分解した形

$$f(z) = c(z - \alpha_1) \cdots (z - \alpha_n)$$

を用いることもできる．ここに $\alpha_1, \cdots, \alpha_n$ は $f(z)$ の根である．さて，オイラーは多項式のみならず $\sin z$ も因数に分解することを試みた．$\sin z = 0$ は，$z = 0, \pm\pi, \pm 2\pi, \cdots$ という無限個の根をもっている．いまこれを有限個で打ち切って $0, \pm\pi, \cdots, \pm n\pi$ を根とする多項式 $f(z)$ を考えれば，それは

$$f(z) = z\left(1 - \frac{z^2}{\pi^2}\right) \cdots \left(1 - \frac{z^2}{n^2\pi^2}\right)$$

で与えられる．（ただし，z が小さいときに $\sin z \simeq z$ であることを考慮して，$f(z) \simeq z$ となるように全体の定数倍を定めた.）ここで $n \to \infty$ とすれば，$\sin z$ の因数分解

$$\sin z = z\left(1 - \frac{z^2}{\pi^2}\right)\left(1 - \frac{z^2}{2^2\pi^2}\right)\left(1 - \frac{z^2}{3^2\pi^2}\right)\cdots \tag{7}$$

が得られるのではなかろうか？

仮に(7)が正しいものとして，両辺を $z = 0$ で展開すれば

$$z - \frac{z^3}{3!} + \cdots = z\left\{1 - \left(\frac{1}{\pi^2} + \frac{1}{2^2\pi^2} + \frac{1}{3^2\pi^2} + \cdots\right)z^2 + \cdots\right\}.$$

したがって，z^3 の係数を比べればオイラーの有名な公式

$$1 + \frac{1}{2^2} + \frac{1}{3^2} + \frac{1}{4^2} + \cdots = \frac{\pi^2}{6}$$

が得られることになる！ この級数の値を求めることは，当時多くの人たちを惹きつけた未解決問題であった．そればかりか，さらに高次の係数からは

$$1 + \frac{1}{2^4} + \frac{1}{3^4} + \frac{1}{4^4} + \cdots = \frac{\pi^4}{90},$$

$$1 + \frac{1}{2^6} + \frac{1}{3^6} + \frac{1}{4^6} + \cdots = \frac{\pi^6}{945},$$
....

にはじまる無数の新しい公式が紡ぎだされる.

　オイラーの推論はあまりにも大胆で，受け入れ難く思われるかもしれない．しかし今日の整備された複素関数論の助けを借りれば，因数分解(7)をそれほど困難なく厳密に導くことができるのである．

複素関数論の骨格

　それでは，私たちの親しんでいる微積分と比べて，複素関数の微積分にはどういう新しい面があるのだろうか．各章の内容紹介を兼ねて，本書で学ぶ理論の特徴をざっと眺めてみよう．

　私たちは1つの変数 $z = x + iy$ の関数 $f(z)$ を扱うのだが，それは実数の組 (x, y) の関数とみなすこともできる．そのために，関数論は1実変数の微積分に似た側面と，2実変数の微積分に似た側面とを合わせ持つことになる．複素数 $z = x + iy$ を (x, y) で表される座標平面上の点とみなすと，幾何学的なイメージが得られ，いろいろな点で見通しがよい．第1章ではまずこの幾何学的な表示から話を始めることになる．

　先に触れたように，多項式の拡張であるベキ級数から自然に複素関数が生じる．第2章ではベキ級数の多くの例に親しみたい．後に明らかになるように，ベキ級数の研究は，実は微分可能な複素関数の各点のまわりでの性質を調べることにほかならない．

　普通の微積分においては，一般の「関数」とはグラフに描かれたものというのが基本的なイメージではないだろうか．勝手に描いたグラフは別に滑らかとは限らないし，いくつかの関数を任意につぎはぎして新しい関数をつくることもできる．グラフの上で滑らかに見えても，何度も微分していくと次第に角がでてきてついには微分不可能になることもある．ところが複素数の世界では，微分可能な関数はかならず無条件に何度でも微分でき，各点のまわりでベキ級数に展開できることが導かれるのである．さらに，1点のごく

近くでの関数が，全域での関数を完全に決定してしまう——それが定義される範囲さえ決定してしまう——ことが結論される．このような性質を持った関数を「解析関数」ないし「正則関数」と呼ぶ．実数の場合の微積分から見て，一見信じ難いようなこの性質は，実は「複素関数の意味で微分可能」という定義の中に隠されている強い要請に起因している．複素関数の微分とその性質については，第2章と第3章で学ぶ．いずれにせよこれらの性質のために，解析関数は実変数関数の場合と比べてはるかに澄明な世界を作っており，同時に不思議に役に立つのである．

上に述べたように，複素数は2次元的性格を持っている．そのために複素関数の定積分は，平面のある点から別の点までを結ぶ「道」に沿った積分として定義される．第3章ではこのような積分について考える．積分の値は両端の点を指定しただけでは一般に定まらず，道のとり方を決めるごとに違ってくる．複素関数論におけるもっとも基本的な事実は，積分される関数が「正則関数」ならば，どのような道を選んでも積分の値が両端の点だけで決まってしまうことである（コーシーの積分定理）．その簡単な帰結として，正則な関数のある点での値を，その周囲の道での積分によって表示する公式が導かれる．これをコーシーの積分公式とよぶ（第4章）．本書で学ぶ複素関数論の骨格は大変単純で，すべてはコーシーの積分定理・積分公式から導かれるといっても言い過ぎではない．

定数以外の正則関数は，複素平面上の点もしくは「無限遠点」に，必ず正則でない例外の点（特異点）を持つことがわかる．関数の特徴はむしろこうした特異点に鮮明に現れる．例えば有理関数は，それが無限大になる点（極）とその近くでの振舞いを与えれば決まってしまう（部分分数分解）．私たちは，特に大事な「孤立特異点」について第4章で調べ，その応用例として，実関数の定積分を複素積分で計算する技法を学ぶ．

個々の関数はその特徴に応じて様々な表し方ができる．関数の値が0になる点に注目するのが因数分解であり，無限大になる点に注目するのが部分分数分解である．その様子は $\sin z$ などの具体例に即して第5章で見ることにしよう．

第6章では，1点のまわりで与えられた関数がどのように全体にのびてゆくかという問題（解析接続）をとりあげてみたい．実関数の場合と際立って違うのは，このような延長の仕方が原理的に定まっていて後から手を加える余地がない，という事情である．そして場合によっては延長していった結果，1点に多くの値が対応する「多価関数」に行き着くということが起こる．このような多価関数を，複素平面の「上に広がった面」上の1価関数と見よう，というリーマン面の考え方を実例で学ぶ．多価性が自然に生じる典型的な例は，線形微分方程式の解を，方程式の係数が無限大になる点のまわりで接続していく場合である．この現象についても少しだけ触れたい．

本書を読むには

最後に本書を読むのに必要な予備知識について触れておこう．ほとんどの部分はこのシリーズの『微分と積分1』に述べられている基礎事項：例えば極限，数列，級数，上限と上極限，1変数関数の微分，テイラー展開，初等関数，合成関数，逆関数，1変数の不定積分と定積分，一様収束などの知識があれば十分理解できると思う．一部で2変数の微積分の知識（2変数関数の微分，変数変換の公式，およびグリーンの定理）を使うことがあるが，必要ならその部分だけを『微分と積分2』などで補って読むというやりかたもあるかも知れない．絶対収束2重級数の性質（第1章）については，証明を『現代解析学への誘い』に譲って結果だけ使うことにした．なお複素数については高校程度の知識を一応想定する．

定義・定理・証明というスタイルの息苦しさを避けたかったのだが，結局はその形から出られなかった．頭から証明を読む前に，その事実がどんなふうに成り立っているか，まず知っている実例で確かめつつ読んでいただけると大変うれしい．本文中の問は理解を確認するためのものだから，できるだけ解答を見ずに解いてみられることを希望する．

目　　次

まえがき ・・・・・・・・・・・・・・・・・ *v*

学習の手引き ・・・・・・・・・・・・・・ *vii*

第1章　複素平面 ・・・・・・・・・・・・ *1*

§1.1　複　素　数 ・・・・・・・・・ *1*
　（a）複素数とは何か ・・・・・・・・ *1*
　（b）複素数の歴史 ・・・・・・・・・ *3*

§1.2　複素平面 ・・・・・・・・・ *4*
　（a）座標による表示 ・・・・・・・・ *4*
　（b）極　形　式 ・・・・・・・・・・ *7*
　（c）距　　離 ・・・・・・・・・・・ *9*

§1.3　極　　限 ・・・・・・・・・ *10*
　（a）数列の収束 ・・・・・・・・・・ *10*
　（b）級数の収束 ・・・・・・・・・・ *11*
　（c）絶対収束 ・・・・・・・・・・・ *12*

ま　と　め ・・・・・・・・・・・・・ *14*

演習問題 ・・・・・・・・・・・・・・ *14*

第2章　ベキ級数 ・・・・・・・・・・ *17*

§2.1　ベキ級数の収束 ・・・・・・・ *17*
　（a）複素関数としてのベキ級数 ・・・ *17*
　（b）収束半径 ・・・・・・・・・・・ *18*
　（c）収束半径の求め方 ・・・・・・・ *20*
　（d）ベキ級数の例 ・・・・・・・・・ *21*

§2.2　ベキ級数の微分 ・・・・・・・ *26*
　（a）微分の定義 ・・・・・・・・・・ *26*

（b）ベキ級数の微分法 ・・・・・・・・・・・・・・・　*27*

§2.3　ベキ級数の生み出す関数 ・・・・・・・・　*30*

（a）ベキ級数の積 ・・・・・・・・・・・・・・・　*31*
（b）ベキ級数の合成 ・・・・・・・・・・・・・・　*31*
（c）ベキ級数の逆数 ・・・・・・・・・・・・・・　*33*
（d）逆 関 数 ・・・・・・・・・・・・・・・・・　*34*

§2.4　解析関数 ・・・・・・・・・・・・・・・・　*36*

（a）ベキ級数への再展開 ・・・・・・・・・・・・　*36*
（b）解 析 性 ・・・・・・・・・・・・・・・・・　*39*
（c）一意接続の原理 ・・・・・・・・・・・・・・　*40*

§2.5　初等関数 ・・・・・・・・・・・・・・・・　*42*

（a）指数関数 ・・・・・・・・・・・・・・・・・　*42*
（b）3角関数 ・・・・・・・・・・・・・・・・・　*43*
（c）対数関数 ・・・・・・・・・・・・・・・・・　*43*
（d）累乗関数 ・・・・・・・・・・・・・・・・・　*45*
（e）逆3角関数 ・・・・・・・・・・・・・・・・　*46*

ま と め ・・・・・・・・・・・・・・・・・・・・　*46*

演習問題 ・・・・・・・・・・・・・・・・・・・・　*46*

第3章　複素関数の微分と積分 ・・・・・・・・　*49*

§3.1　複素変数の関数 ・・・・・・・・・・・・・　*49*

（a）一般の複素関数 ・・・・・・・・・・・・・・　*49*
（b）微分記号 $\partial/\partial z,\ \partial/\partial \bar{z}$ ・・・・・・・・・・・・　*50*

§3.2　微分可能な関数 ・・・・・・・・・・・・・　*51*

（a）複素関数の微分とは ・・・・・・・・・・・・　*51*
（b）コーシー–リーマンの関係式 ・・・・・・・・　*52*

§3.3　複素関数の積分 ・・・・・・・・・・・・・　*56*

（a）複素平面の曲線 ・・・・・・・・・・・・・・　*57*
（b）曲線に沿う積分 ・・・・・・・・・・・・・・　*59*
（c）積分の基本性質 ・・・・・・・・・・・・・・　*60*

（d）簡単な例 ・・・・・・・・・・・・・・・ 62

§3.4 コーシーの積分定理 ・・・・・・・・・ 63

（a）グリーンの公式 ・・・・・・・・・・・ 63

（b）コーシーの積分定理 ・・・・・・・・・ 66

（c）積分路変形の応用 ・・・・・・・・・・ 68

まとめ ・・・・・・・・・・・・・・・・・・ 71

演習問題 ・・・・・・・・・・・・・・・・・ 72

第4章 コーシーの積分公式とその応用 ・・・・ 73

§4.1 コーシーの積分公式 ・・・・・・・・・ 73

（a）円板におけるコーシーの積分公式 ・・・ 73

（b）ベキ級数展開 ・・・・・・・・・・・・ 74

（c）コーシーの積分公式（一般の領域）・・・ 76

§4.2 積分公式の最初の応用 ・・・・・・・・ 77

§4.3 留数定理 ・・・・・・・・・・・・・・ 81

（a）孤立特異点 ・・・・・・・・・・・・・ 81

（b）孤立特異点の分類 ・・・・・・・・・・ 84

（c）留数定理 ・・・・・・・・・・・・・・ 86

§4.4 定積分の計算 ・・・・・・・・・・・・ 89

§4.5 無限遠点とリーマン球面 ・・・・・・・ 93

（a）無限遠点の導入 ・・・・・・・・・・・ 93

（b）無限遠点での座標 ・・・・・・・・・・ 95

（c）無限遠点での留数 ・・・・・・・・・・ 96

§4.6 有理関数 ・・・・・・・・・・・・・・ 97

（a）部分分数分解 ・・・・・・・・・・・・ 97

（b）有理関数の留数 ・・・・・・・・・・・ 99

（c）1次分数変換 ・・・・・・・・・・・・ 100

まとめ ・・・・・・・・・・・・・・・・・・ 102

演習問題 ・・・・・・・・・・・・・・・・・ 102

第5章 無限和と無限積 · · · · · · · · · · · · · · 105

§5.1 関数項の級数 · · · · · · · · · · · · · · 105
（a） 正則関数の極限 · · · · · · · · · · · · · · 105
（b） 絶対収束の判定(無限級数) · · · · · · · · · 107

§5.2 余接関数の部分分数分解 · · · · · · · · · 108

§5.3 無限積と因数分解 · · · · · · · · · · · · 111
（a） 無 限 積 · · · · · · · · · · · · · · · · · 111
（b） 絶対収束の判定(無限積) · · · · · · · · · 113
（c） 正弦関数の無限積表示 · · · · · · · · · · · 114
（d） ガンマ関数 · · · · · · · · · · · · · · · · 114

§5.4 テータ関数 · · · · · · · · · · · · · · · 117
（a） 3重積公式 · · · · · · · · · · · · · · · · 117
（b） テータ関数 · · · · · · · · · · · · · · · · 120

ま と め · · · · · · · · · · · · · · · · · · · 122

演習問題 · · · · · · · · · · · · · · · · · · · 122

第6章 解析関数 · · · · · · · · · · · · · · · · 125

§6.1 解析接続 · · · · · · · · · · · · · · · · 125
（a） ベキ級数の接続 · · · · · · · · · · · · · · 125
（b） 対数関数の解析接続 · · · · · · · · · · · · 127

§6.2 直観的リーマン面 · · · · · · · · · · · · 129
（a） 平方根のリーマン面 · · · · · · · · · · · · 130
（b） 対数関数のリーマン面 · · · · · · · · · · · 131
（c） リーマン面の例 · · · · · · · · · · · · · · 132

§6.3 線形微分方程式とモノドロミー · · · · · · 133
（a） 線形微分方程式 · · · · · · · · · · · · · · 133
（b） モノドロミー行列 · · · · · · · · · · · · · 135

ま と め · · · · · · · · · · · · · · · · · · · 139

演習問題 · · · · · · · · · · · · · · · · · · · 139

目　　次——xix

付録　優級数の方法 $\cdots\cdots\cdots\cdots\cdots\cdots\cdots$ *141*

§A.1　ベキ級数の合成 $\cdots\cdots\cdots\cdots\cdots\cdots$ *141*

§A.2　ベキ級数の逆関数 $\cdots\cdots\cdots\cdots\cdots$ *143*

現代数学への展望 $\cdots\cdots\cdots\cdots\cdots\cdots$ *145*

参 考 書 $\cdots\cdots\cdots\cdots\cdots\cdots\cdots\cdots$ *151*

問 解 答 $\cdots\cdots\cdots\cdots\cdots\cdots\cdots\cdots$ *153*

演習問題解答 $\cdots\cdots\cdots\cdots\cdots\cdots$ *155*

索 　 引 $\cdots\cdots\cdots\cdots\cdots\cdots\cdots\cdots$ *161*

数学記号

$\mathbb{N}$	自然数の全体
$\mathbb{Z}$	整数の全体
$\mathbb{Q}$	有理数の全体
$\mathbb{R}$	実数の全体
$\mathbb{C}$	複素数の全体

ギリシャ文字

大文字	小文字	読み方	大文字	小文字	読み方
A	α	アルファ	N	ν	ニュー
B	β	ベータ	Ξ	ξ	クシー
Γ	γ	ガンマ	O	o	オミクロン
Δ	δ	デルタ	Π	π, ϖ	パイ
E	ϵ, ε	イプシロン	P	ρ, ϱ	ロー
Z	ζ	ゼータ	Σ	σ, ς	シグマ
H	η	イータ	T	τ	タウ
Θ	θ, ϑ	シータ	Υ	υ	ユプシロン
I	ι	イオタ	Φ	ϕ, φ	ファイ
K	κ	カッパ	X	χ	カイ
Λ	λ	ラムダ	Ψ	ψ	プサイ
M	μ	ミュー	Ω	ω	オメガ

複素平面

1

複素数は実数と同じように加減乗除や極限を考えることのできる数の体系である．複素数とは何であったかをもう一度見直し，それが複素平面の点としてもっとも自然に表されることを見る．複素関数論はこの複素平面を舞台に展開する．

§1.1 複 素 数

（a） 複素数とは何か

この本は，複素数に一度は触れたことのある読者を想定して書かれている．それでも複素関数について語るからには，話の順序としてその概念を一通り振り返っておきたい．私たちは複素数というものを，つぎのように理解しているのではないだろうか．

（ i ） $i^2 = -1$ となる数 i（**虚数単位**，imaginary unit）がある．

（ ii ） 複素数は $\alpha = a + ib$（a, b は実数）の形にただ一通りに表される．実数 a は $a + i0$ という特別な複素数である．

（iii） 複素数は実数と同じ規則に従って足し算・掛け算ができる．

詳しくいうと，演算の規則として次のものを設けているのである．

［加法の交換則・結合則］

$$\alpha + \beta = \beta + \alpha, \qquad (\alpha + \beta) + \gamma = \alpha + (\beta + \gamma), \qquad (1.1a)$$

2——— 第1章　複素平面

［乗法の交換則・結合則］
$$\alpha\beta = \beta\alpha, \qquad (\alpha\beta)\gamma = \alpha(\beta\gamma), \qquad (1.1\mathrm{b})$$

［分配則］
$$\alpha(\beta+\gamma) = \alpha\beta+\alpha\gamma, \qquad (1.1\mathrm{c})$$

［加法・乗法の単位元の存在］
$$\alpha+0 = \alpha, \qquad \alpha\cdot 1 = \alpha. \qquad (1.1\mathrm{d})$$

計算の過程で i^2 が現れたらそれを -1 でおきかえることによって，結果はまた $a+ib$ の形になるのだった．したがって，掛け算を具体的に実行すれば
$$(a+ib)(c+id) = ac+ibc+iad+i^2bd = (ac-bd)+i(ad+bc)$$
となる．

複素数 $\alpha = a+ib$ に対し，a をその**実部**(real part)，b を**虚部**(imaginary part)と言って，それぞれ記号 $a = \mathrm{Re}\,\alpha, b = \mathrm{Im}\,\alpha$ で表す．（ib を虚部と呼ぶほうが合理的かもしれないが，これが伝統的な呼称である．）虚部が 0 でない複素数のことを，実数でない数という気持ちで**虚数**という．とくに実部が 0 のとき $\alpha = ib$ を**純虚数**という．

また $\overline{\alpha} = a-ib$ を α の**複素共役**（ふくそきょうやく，complex conjugate），$|\alpha| = \sqrt{a^2+b^2}$ を α の**絶対値**(absolute value)という．すぐにわかるように
$$\mathrm{Re}\,\alpha = \frac{\alpha+\overline{\alpha}}{2}, \qquad \mathrm{Im}\,\alpha = \frac{\alpha-\overline{\alpha}}{2i}, \qquad \overline{\overline{\alpha}} = \alpha,$$
$$\overline{\alpha\pm\beta} = \overline{\alpha}\pm\overline{\beta}, \qquad \overline{\alpha\beta} = \overline{\alpha}\,\overline{\beta}, \qquad |\alpha|^2 = \alpha\overline{\alpha}$$
が成り立つ．これから $|\alpha\beta|^2 = \alpha\beta\,\overline{\alpha}\overline{\beta} = (\alpha\overline{\alpha})(\beta\overline{\beta}) = |\alpha|^2|\beta|^2$，したがって
$$|\alpha\beta| = |\alpha|\,|\beta|.$$
さらに，$\alpha = 0 \Longleftrightarrow |\alpha| = 0$ だから，$\alpha \neq 0$ のもとに逆数 $1/\alpha$ が存在して
$$\frac{1}{\alpha} = \frac{\overline{\alpha}}{|\alpha|^2}, \ \text{すなわち} \ \frac{1}{a+ib} = \frac{a}{a^2+b^2} - i\frac{b}{a^2+b^2}$$
で与えられる．よって，$-\alpha = (-1)\times\alpha$ と合わせて，

［加法・乗法の逆元の存在］
$$\alpha+(-\alpha) = 0, \qquad \alpha\cdot\frac{1}{\alpha} = 1 \ (\alpha \neq 0) \qquad (1.2)$$

§1.1 複素数 ——— 3

も成り立っている. 代数学の言葉では, (1.1),(1.2) を満たす体系を**体**(field) という. 複素数(complex number)全体の集合を数の体系として見たときは**複素数体**とよび, 頭文字をとって $\mathbb{C}$ で表す. 同様に実数(real number)全体の集合は $\mathbb{R}$ で表す.

問 1 次の絶対値を求めよ.
(1) $-2i(3+i)(2+4i)(1+i)$ (2) $(3+4i)(-1+2i)/(-1-i)(3-i)$

問 2 $\alpha=a+ib, b\neq 0$ のとき $\alpha/(1+\alpha^2)$ が実数になるための条件は $a^2+b^2=1$ であることを示せ.

(b) 複素数の歴史

歴史上複素数がはっきり認識されたのは 16 世紀にさかのぼる. 数学者カルダノ(Cardano)は 3 次方程式 $x^3=3px+2q$ の根の公式を発見したが, $q^2<p^3$ のときそこに「不可能の数」$\sqrt{-1}$ が現れることに気がついた. 以来かなりのあいだ, 虚数は単なる想像上の数として扱われる. しかしド・モアブル(de Moivre)の公式 $\cos n\theta+i\sin n\theta=(\cos\theta+i\sin\theta)^n$ のように, 虚数を認めることによって単純明快に述べられる規則があることもわかってきた.

すでに 2 次方程式 $x^2+1=0$ を解くために虚数が必要になるが, 逆に虚数を許せばどんな 2 次方程式も重複度を込めてちょうど 2 つの根を持つことが根の公式からわかる. ではもっと一般に, n 次の代数方程式

$$\alpha_0 z^n+\alpha_1 z^{n-1}+\cdots+\alpha_{n-1}z+\alpha_n=0 \qquad (\alpha_0,\cdots,\alpha_n\in\mathbb{C},\ \alpha_0\neq 0) \quad (1.3)$$

を解くにはさらに一般の数が必要だろうか? ガウス(Gauss)は次の事実を証明して, 複素数の重要性をはっきりと示した.

定理 1.1 複素数を係数とする n 次の代数方程式(1.3)は, 複素数の範囲に重複度を込めてちょうど n 個の根を持つ. $\qquad\qquad\Box$

これは複素数体の最も重要な性質の 1 つであり, 「代数学の基本定理」とも呼ばれる(「代数入門 1」を参照). 今日の代数学ではこの事実を指して「複素数体は代数的閉体である」という. 私たちはあとで定理 1.1 の, 複素関数論を使った 1 つの証明を与える(第 3 章定理 3.26).

4———第1章　複素平面

　実際の応用においても，複素数を用いるとしばしば記述が大変簡便になることから光学・電気回路などで盛んに使われ，量子力学では基本法則を述べるための不可欠な言葉になっている．こうして，複素数の導入により「普通は隠されたままになっている調和と法則性が姿をあらわす[*1]」ことが明らかになり，複素数が負の数や無理数と同等の数学的実体として受け入れられるに到ったのである．

　初めて「虚数」を習うと，そんなものが本当にあるのかと不安を感じるのも，歴史的な経緯を見ると無理もないことである．そもそも「虚数は実在するか」という問い自身，どこかつかみどころがない．だがつきつめて考えていくと，ここで問題にされているのは「上の性質をそなえた数の体系が論理的に矛盾なく存在するか」という点であることに気づく．そのような体系を実際に構成する方法もいくつか知られている(囲み記事参照)．どの方法でも得られる体系は本質的に1つしかないので，通常は構成法など意識することなく，私たちの知っている通りの扱いをして差し支えないのである．

　問3　方程式(1.3)の係数がすべて実数であるとき，根 z の複素共役 $\bar{z}$ もまた根であることを示せ．

§1.2　複素平面

（a）　座標による表示

　さて，実数は数直線の上の点として表すことができた．これに対し，複素数 $\alpha = a + ib$ は実数の組 (a, b) で決まっているのだから，これを座標平面の点 (a, b) によって表示することができる．こうすると複素数は目に見えて，実在感を増す．

　複素数を表示する座標平面を**複素数平面**(本書では**複素平面**，complex plane)，ガウス平面などといい，横，縦の座標軸をそれぞれ**実軸**(real axis)，

　[*1]　リーマン(Riemann)の言葉(H.-D. エビングハウス他『数』(成木勇夫訳，シュプリンガー東京，1991，上 p.70))．複素数の歴史についてはこの本が興味深い．

複素数体の構成

　いささか天下りだが，つぎの形の行列全体の集合を $\mathcal{C}$ としよう．

$$\begin{pmatrix} a & -b \\ b & a \end{pmatrix} = aE + bJ \qquad (a, b \text{ は実数})$$

ただし

$$E = \begin{pmatrix} 1 & 0 \\ 0 & 1 \end{pmatrix}, \quad J = \begin{pmatrix} 0 & -1 \\ 1 & 0 \end{pmatrix}, \qquad J^2 = -E$$

である．$\mathcal{C}$ の元同士の間には，行列としての和と積が定まっている．行列の積は順序を交換すると一般には結果が変わってくる．しかしいまの場合は $JE = EJ$ だから，$\mathcal{C}$ の元はどの2つも積の順序が交換できる．特に零行列を 0 で表し，1 を E と読めば規則(1.1)はすべて成り立っていることがわかる．さらに，$\alpha = aE + bJ$ の行列式は $\det \alpha = a^2 + b^2$ となるので，$\alpha = 0$(零行列)でないかぎり逆行列が存在して

$$\alpha^{-1} = \frac{1}{\det \alpha}(aE - bJ)$$

となる．これを単に $\dfrac{1}{\alpha}$ と書けば，規則(1.2)も成り立つ．改めて E を 1，J を i と書き，行列 $aE + bJ$ を複素数 $a + ib$ と呼ぶことにすれば，集合 $\mathcal{C}$ は複素数体の持つべきすべての性質を備えた体系である．

　ここに出てきた行列は唐突に見えるが，その意味は §1.2 で明らかになるだろう．

虚軸(imaginary axis)とよぶ．座標表示では，$\alpha = a + ib$ を表す点の横，縦の座標 a, b がそれぞれ実部，虚部に，その原点からの距離が絶対値 $|\alpha|$ に対応する．また実軸に関して折り返した点が複素共役 $\bar{\alpha}$ を表している(図1.1参照)．今後，複素数全体の集合 $\mathbb{C}$ を複素平面と見なし，実数全体の集合 $\mathbb{R}$ はその中の実軸と見る．

　複素平面を使うと，四則演算も視覚的になってわかりやすい．いま $z = x + iy$ が表す点を P とし，原点 O から P へ向かうベクトルを

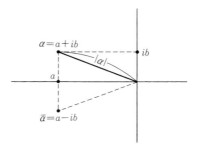

図 1.1 複素数の表示

$$\overrightarrow{OP} = \begin{pmatrix} x \\ y \end{pmatrix} \qquad (1.4)$$

と表そう．すると複素数の足し算はベクトルとしての和に，実数 a による掛け算はベクトルのスカラー倍 $a\overrightarrow{OP}$ にそれぞれ対応していることがわかる．

$$\begin{pmatrix} x \\ y \end{pmatrix} + \begin{pmatrix} x' \\ y' \end{pmatrix} = \begin{pmatrix} x+x' \\ y+y' \end{pmatrix}, \qquad a\begin{pmatrix} x \\ y \end{pmatrix} = \begin{pmatrix} ax \\ ay \end{pmatrix}.$$

特に，-1 を掛けるということは，ちょうど $\overrightarrow{OP}$ の向きを反対にしたベクトル $-\overrightarrow{OP}$ を考えることにあたっている．また z から w へ向かうベクトルは，z を加えて w となる複素数，すなわち $w-z$ に対応している．

例 1.2 2 点 z と w を結ぶ線分は $(1-t)z + tw$ $(0 \leqq t \leqq 1)$ で表される． □

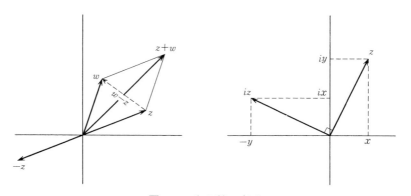

図 1.2 和と積の表示

§1.2 複素平面 —— 7

これに対して，i を掛けるという演算 $i(x+iy) = -y+ix$ は，ベクトルの言葉でいうと (1.4) を反時計回りに 90 度回転することにあたっている（図 1.2 参照）．行列の言葉で書けば

$$\begin{pmatrix} x \\ y \end{pmatrix} \mapsto \begin{pmatrix} -y \\ x \end{pmatrix} = \begin{pmatrix} 0 & -1 \\ 1 & 0 \end{pmatrix} \begin{pmatrix} x \\ y \end{pmatrix}$$

である．これを 2 度くりかえせば $\overrightarrow{OP}$ は 180 度回転されて $-\overrightarrow{OP}$ になる．それが $i^2 = -1$ の表す幾何学的内容である．もっと一般に，$\alpha = a+ib$ による掛け算は，行列表示によって

$$\begin{pmatrix} x \\ y \end{pmatrix} \mapsto \begin{pmatrix} ax - by \\ bx + ay \end{pmatrix} = \begin{pmatrix} a & -b \\ b & a \end{pmatrix} \begin{pmatrix} x \\ y \end{pmatrix}$$

と表される．複素数体の構成（囲み記事）に出てきた行列は，この式に由来している．

（b） 極 形 式

複素変数の指数関数は次章で改めて導入するが，記法に早く慣れる目的もあって，以下 θ が実数のとき

$$e^{i\theta} = \cos\theta + i\sin\theta \qquad (\theta \in \mathbb{R}) \tag{1.5}$$

を積極的に使うことにする．いまのところ左辺の意味は右辺を略記する記号である．学習の手引き (5) で述べた通り，この記号によって 3 角関数の加法定理は $e^{i(\theta+\varphi)} = e^{i\theta}e^{i\varphi}$ と書ける．また任意の実数 θ に対して $\overline{e^{i\theta}} = e^{-i\theta}$, $|e^{i\theta}| = 1$ が成り立つ．逆に $|z| = 1$ を満たす複素数は (1.5) の形に書くことができる．

原点 O から点 P へ向かうベクトル $\overrightarrow{OP}$ が実軸の正の部分から反時計回りにはかったときになす角度を θ とすれば，P が表す複素数 z は

$$z = re^{i\theta} = r(\cos\theta + i\sin\theta) \qquad (r \geqq 0,\ \theta \in \mathbb{R}) \tag{1.6}$$

と書くことができる．この形を複素数 z の**極形式**（polar form）と言う．このとき両辺の絶対値を見れば，$r = |z|$ は z によって一通りに決まる．他方 θ については，$z \neq 0$ のとき θ を $\theta + 2n\pi$（n は整数）に取り替えるだけの不定性がある．この不定性を除くために例えば $-\pi < \theta \leqq \pi$ と約束する，というやりかたもあるが，そのような規約は便宜的なものにすぎない．（$0 \leqq \theta < 2\pi$ と約

8———第1章 複素平面

束することも多い. また $a < \theta \leqq a+2\pi$ と約束してもなんら差し支えない.）
むしろ同じ角度を表すのだから, θ と $\theta+2n\pi$ は同じものと考えてこれを z
の**偏角**(argument)といい, $\arg z = \theta \pmod{2\pi}$ と表す. なお $z=0$ に対して
も極形式(1.6)は成り立っているが, このとき θ は決めようがないから, 0 の
偏角は定義しない.

問4 次の数の極形式を求めよ.

(1) $\dfrac{1-i\sqrt{3}}{2}$ (2) $(2+2i)^3$ (3) $(1+i)^n+(1-i)^n$

問5 $z = re^{i\theta}$ のとき $1/(1-z)$ の実部・虚部を r, θ で表せ.

極形式を使えば, $z_1 = r_1 e^{i\theta_1}, z_2 = r_2 e^{i\theta_2}$ の積は $z_1 z_2 = r_1 r_2 e^{i(\theta_1+\theta_2)}$ で与えら
れる. すなわち

$$|z_1 z_2| = |z_1||z_2|, \qquad \arg(z_1 z_2) = \arg z_1 + \arg z_2 \pmod{2\pi}.$$

幾何学的には, z_2 を z_1 倍するという操作は, z_2 の表すベクトルを $|z_1|$ 倍に
相似拡大し, さらに $\arg z_1$ だけ反時計回りに回転することを意味している.

問6 自然数 n に対して 1 の n 乗根となる複素数 $z^n = 1$ をすべて求めよ.

例題1.3 相異なる3点 α, β, γ が正3角形をなすための必要十分条件は

$$\alpha^2+\beta^2+\gamma^2 = \alpha\beta+\beta\gamma+\gamma\alpha$$

であることを示せ.

[解] 条件は, ベクトル $\gamma-\alpha$ が $\beta-\alpha$ を $\pm\pi/3$ 回転したベクトルと一致
すること, といえる. すなわち $\gamma-\alpha = \omega(\beta-\alpha)$ と書くとき

$$\omega = e^{\pm\pi i/3} = \frac{1\pm i\sqrt{3}}{2}.$$

これは $\omega^2-\omega+1 = 0$ と同値だから, 上の式から ω を消去すれば

$$\left(\frac{\gamma-\alpha}{\beta-\alpha}\right)^2 - \frac{\gamma-\alpha}{\beta-\alpha}+1 = 0.$$

これを整理すれば求める式を得る. ∎

§1.2 複素平面 —— 9

多くの点で複素数は実数とほぼ並行した扱いができる．ただしひとつの違いとして，複素数の間には意味のある大小関係を定めることができないことに注意しておきたい．実数の場合に大小を比べることができるのは，直線上では左右の区別があるという本質的に1次元的な特性に基づいているのである．

（c）距　離

複素平面上の2点 $\alpha = a+ib, \beta = c+id$ の距離は絶対値
$$|\alpha - \beta| = \sqrt{(a-c)^2 + (b-d)^2}$$
で表される．次の性質の図形的な意味は明白だろう．
$$|\alpha - \beta| \geqq 0, \qquad |\alpha - \beta| = 0 \Longleftrightarrow \alpha = \beta,$$
$$|\alpha - \beta| \leqq |\alpha - \gamma| + |\gamma - \beta| \quad （3角不等式）$$

問7 絶対値の定義を使って3角不等式を証明せよ．

問8 次の不等式を確かめよ．
$$|\mathrm{Re}\,\alpha|, |\mathrm{Im}\,\alpha| \leqq |\alpha| \leqq |\mathrm{Re}\,\alpha| + |\mathrm{Im}\,\alpha|, \qquad ||\alpha| - |\beta|| \leqq |\alpha - \beta|,$$
$$|\alpha_1 + \cdots + \alpha_n| \leqq |\alpha_1| + \cdots + |\alpha_n|.$$

明らかに，方程式 $|z - \alpha| = r\ (r > 0)$ は中心 α，半径 r の円周を表す．一般に複素数の計算では絶対値と複素共役を活用すると見通しがよくなる．実部と虚部にわけて計算するのは最後の手段，と思った方が良い．

例題1.4 $\beta \in \mathbb{C},\ a, c \in \mathbb{R}$ のとき，次の方程式はどんな図形を表すか．
$$az\bar{z} + \bar{\beta}z + \beta\bar{z} + c = 0. \tag{1.7}$$
[解] $a \neq 0$ のとき(1.7)は
$$\left| z + \frac{\beta}{a} \right|^2 = \left(z + \frac{\beta}{a} \right)\left(\bar{z} + \frac{\bar{\beta}}{a} \right) = \frac{|\beta|^2 - ac}{a^2}$$
と変形できる．$|\beta|^2 > ac$ のときこれは中心 $-\beta/a$，半径 $\sqrt{|\beta|^2 - ac}/|a|$ の円

10———第 1 章　複素平面

周を表す．$|\beta|^2 = ac$ なら 1 点 $-\beta/a$，$|\beta|^2 < ac$ なら空集合である．

　また $a = 0$ のとき，$\beta = (p+iq)/2$，$z = x+iy$ とおけば(1.7)は $px+qy+c = 0$ となるから，これは平面上の直線を表す．

　実は円と直線が同じ形の方程式(1.7)にまとめられることには自然な理由がある(§4.5 参照)．　　　　　　　　　　　　　　　　　　　　　　　■

§1.3　極　　限

　複素関数の微分積分について論じるための準備として，複素数の数列や級数の収束に関して基本的な事実をまとめておきたい．より詳しい説明はこのシリーズの『現代解析学への誘い』に述べられている．

（a）数列の収束

　定義 1.5　複素数の列 $\{\alpha_n\}_{n=1}^{\infty}$ が α に**収束**(converge)するとは，距離 $|\alpha_n - \alpha|$ が限りなく 0 に近づくことと定める．すなわち

$$\lim_{n\to\infty} \alpha_n = \alpha \iff \lim_{n\to\infty} |\alpha_n - \alpha| = 0$$

と定義する．　　　　　　　　　　　　　　　　　　　　　　　　　　　□

　「微分と積分 1」では，収束しない実数列は「振動」と「発散」に区分された．本書では収束しない複素数列は一律に**発散**(diverge)するということにする．

　いま $\alpha_n = a_n + ib_n$，$\alpha = a + ib$ と書くと，3 角不等式により

$$|a_n - a|, |b_n - b| \leqq |\alpha_n - \alpha| \leqq |a_n - a| + |b_n - b|.$$

したがって，複素数列 $\{\alpha_n\}_{n=1}^{\infty}$ の収束は，その実部，虚部からなる実数列 $\{a_n\}_{n=1}^{\infty}$，$\{b_n\}_{n=1}^{\infty}$ がそれぞれ収束すること

$$\lim_{n\to\infty} a_n = a \quad \text{かつ} \quad \lim_{n\to\infty} b_n = b$$

と同じ内容になる．この注意から，次の性質は対応する実列の性質に帰着させて確かめることができる．

　命題 1.6　$\{\alpha_n\}_{n=1}^{\infty}$，$\{\beta_n\}_{n=1}^{\infty}$ が収束列ならば

$$\lim_{n\to\infty}(\alpha_n \pm \beta_n) = \lim_{n\to\infty}\alpha_n \pm \lim_{n\to\infty}\beta_n,$$

$$\lim_{n\to\infty}\gamma\alpha_n = \gamma\lim_{n\to\infty}\alpha_n,$$

$$\lim_{n\to\infty}\alpha_n\beta_n = \left(\lim_{n\to\infty}\alpha_n\right)\left(\lim_{n\to\infty}\beta_n\right),$$

$$\lim_{n\to\infty}\frac{\alpha_n}{\beta_n} = \frac{\lim_{n\to\infty}\alpha_n}{\lim_{n\to\infty}\beta_n} \qquad (\lim_{n\to\infty}\beta_n \neq 0 \text{ のとき}).$$

収束列 $\alpha_1, \alpha_2, \alpha_3, \cdots$ を平面に描き込んでいくと，初めはばらついていても，n が大きくなるにつれて α_n は極限値 α の近くに集中していく．このとき3角不等式 $|\alpha_N - \alpha_{N+p}| \leqq |\alpha_N - \alpha| + |\alpha - \alpha_{N+p}|$ からわかるように，第 N 項から先の誤差の振れ方 $\sup_{p>0}|\alpha_N - \alpha_{N+p}|$ は N を大きくとればいくらでも小さく絞れる．より重要なのは，その性質から逆に（極限値自身はわからなくても）極限の存在が結論できることである．すなわち

定理 1.7（コーシー(Cauchy)の判定条件）　複素数列 $\{\alpha_n\}_{n=1}^{\infty}$ が収束するための必要十分条件は，

$$\lim_{N\to\infty}\sup_{p>0}|\alpha_N - \alpha_{N+p}| = 0 \tag{1.8}$$

が成り立つことである．　　　　　　　　　　　　　　　　　　　　□

複素数体の**完備性**(completeness)とも呼ぶこの事実も，対応する実数の性質に帰着して示される．

（b）　級数の収束

複素数の無限級数

$$\sum_{n=0}^{\infty}\alpha_n = \alpha_0 + \alpha_1 + \alpha_2 + \cdots \tag{1.9}$$

に対する収束の定義も，実数の場合と同様である．すなわち，初めから順にとっていった部分和の列 $S_n = \alpha_0 + \cdots + \alpha_n \ (n = 0, 1, 2, \cdots)$ がある複素数 S に収束するとき，(1.9)は S に収束する，あるいは和 S を持つ，などと言う．

級数の収束を数列の収束の特別な場合として定めたが，逆にどんな数列 $\{\alpha_n\}_{n=1}^{\infty}$ についても，$\beta_n = \alpha_{n+1} - \alpha_n \ (\alpha_0 = 0)$ とおけば一般項を級数の部分

12——第 1 章　複素平面

和 $\alpha_n = \sum_{k=0}^{n-1} \beta_k$ の形に書くことができる．だから級数の収束を論じるのと数列の収束を論じるのとは実質的に同じことである．

コーシーの判定条件を級数について言い換えると次の形になる．

定理 1.8　級数 $\sum_{n=0}^{\infty} \alpha_n$ が収束するための必要十分条件は，

$$\lim_{N \to \infty} \sup_{p>0} |\alpha_{N+1} + \cdots + \alpha_{N+p}| = 0$$

が成り立つことである．　　　　　　　　　　　　　　　　　　　　□

特に $\sum_{n=0}^{\infty} \alpha_n$ が収束するならば $\lim_{n \to \infty} \alpha_n = 0$ であるが，逆は必ずしも正しくない．

例 1.9　**等比級数**（geometric series，本書では**幾何級数**という）

$$\sum_{n=0}^{\infty} z^n = \frac{1}{1-z} \qquad (|z| < 1). \qquad (1.10)$$

この式は恒等式 $(1-z)(1+z+\cdots+z^{n-1}) = 1-z^n$ において $\lim_{n\to\infty}|z|^n = 0$ $(|z| < 1)$ に注意すれば導かれる．公式(1.10)は形式的には実数の場合とまったく同様だが，$z = re^{i\theta}$ $(0 \leqq r < 1)$ とおいて実部・虚部をとってみると，次の内容を表していることがわかる．

$$\sum_{n=0}^{\infty} r^n \cos n\theta = \frac{1-r\cos\theta}{1-2r\cos\theta+r^2}, \quad \sum_{n=0}^{\infty} r^n \sin n\theta = \frac{r\sin\theta}{1-2r\cos\theta+r^2}. \qquad □$$

（c）　絶対収束

不等式 $|\alpha_{N+1}+\cdots+\alpha_{N+p}| \leqq |\alpha_{N+1}|+\cdots+|\alpha_{N+p}|$ によって，$\sum_{n=0}^{\infty} \alpha_n$ の誤差の振れ方は $\sum_{n=0}^{\infty} |\alpha_n|$ のそれを越えない．だから $\sum_{n=0}^{\infty} |\alpha_n|$ が収束すれば $\sum_{n=0}^{\infty} \alpha_n$ も収束する．

定義 1.10　級数 $\sum_{n=0}^{\infty} \alpha_n$ が条件 $\sum_{n=0}^{\infty} |\alpha_n| < \infty$ を満たすとき，**絶対収束**する（absolutely convergent）という．　　　　　　　　　　　　　　　□

絶対収束級数は単に収束するだけでなく，その取り扱いが有限和と同様に自由にできる点に重要性がある．以下にあげる性質は実数の場合と同様に，

§1.3 極　限── *13*

あるいはその場合に帰着させて示すことができる(本シリーズ『微分と積分1』第4章参照).

定理 1.11 $\sum_{n=0}^{\infty} \alpha_n$, $\sum_{n=0}^{\infty} \beta_n$ が収束するとき,

$$\sum_{n=0}^{\infty} (\alpha_n \pm \beta_n) = \sum_{n=0}^{\infty} \alpha_n \pm \sum_{n=0}^{\infty} \beta_n, \qquad \sum_{n=0}^{\infty} \gamma \alpha_n = \gamma \sum_{n=0}^{\infty} \alpha_n, \quad (1.11)$$

また両者が絶対収束なら

$$\left(\sum_{n=0}^{\infty} \alpha_n \right) \left(\sum_{n=0}^{\infty} \beta_n \right) = \sum_{n=0}^{\infty} \left(\sum_{k=0}^{n} \alpha_k \beta_{n-k} \right). \qquad (1.12)$$

□

定理 1.12 絶対収束級数の項を任意にまとめ直したり順番を変更して得られる級数も絶対収束して, 和の値は変わらない.　　　　　　　　　　□

例 1.13 $\sum_{n=0}^{\infty} \alpha_n$ が絶対収束ならば, その一部分をとって作った部分級数 $\sum_{k=0}^{\infty} \alpha_{n_k}$ $(n_0 < n_1 < n_2 < \cdots)$ も絶対収束する. 例えば次章で示すように $\alpha_n = (iz)^n / n!$ は絶対収束級数を定める. よって $\sum_{n=0}^{\infty} \alpha_{2n}$, $\sum_{n=0}^{\infty} \alpha_{2n+1}$ も絶対収束し,

$$\sum_{n=0}^{\infty} (-1)^n \frac{z^{2n}}{(2n)!} + \sum_{n=0}^{\infty} i(-1)^n \frac{z^{2n+1}}{(2n+1)!}$$

$$= \sum_{n=0}^{\infty} (\alpha_{2n} + \alpha_{2n+1}) \qquad (性質(1.11))$$

$$= \sum_{n=0}^{\infty} \alpha_n = \sum_{n=0}^{\infty} \frac{(iz)^n}{n!} \qquad (項のまとめ直し).$$

これはオイラーの関係式(学習の手引き, 式(6))を導くときに用いた変形である.　　　　　　　　　　　　　　　　　　　　　　　　　　□

2つの添え字をもつ列 $\{\alpha_{mn}\}_{m,n=0}^{\infty}$ を2重数列という. ここから生じる2つの級数 $\sum_{m=0}^{\infty} \left(\sum_{n=0}^{\infty} |\alpha_{mn}| \right)$, $\sum_{n=0}^{\infty} \left(\sum_{m=0}^{\infty} |\alpha_{mn}| \right)$ は共に発散するか, または共に収束して値が等しいことが示される. 後者の場合, 2重級数 $\sum_{m,n=0}^{\infty} \alpha_{mn}$ は絶対収束するという.

定理 1.14 絶対収束する2重級数は和の順序を交換できる:

14────第1章　複素平面

$$\sum_{m=0}^{\infty}\left(\sum_{n=0}^{\infty}\alpha_{mn}\right)=\sum_{n=0}^{\infty}\left(\sum_{m=0}^{\infty}\alpha_{mn}\right).$$ □

2重級数とこの定理の証明についてはこのシリーズの『現代解析学への誘い』を見ていただきたい.

《まとめ》

1.1　複素数は平面上の点によって表される.

1.2　複素数の積は回転に関係している.

1.3　四則演算や数列の収束などの点で複素数は実数同様の取り扱いができるが, 大小関係は定まらない.

1.4　絶対収束級数は有限和と同じように扱うことができる.

──────── 演習問題 ────────

1.1　相異なる複素数 α, β からの距離の比が一定値 k, すなわち $k|z-\alpha|=|z-\beta|$ となる点 z の全体はどのような図形を表すか.

1.2

$$w=\frac{z-i}{z+i}$$

とおくとき, $\mathrm{Im}\, z>0$ であることと $|w|<1$ は同値である. これを,（1）計算によって,（2）幾何学的意味を考えて, それぞれ示せ.

1.3　3点 $0, z, z+w$ を頂点とする3角形の面積は $\mathrm{Im}\,(\bar{z}w/2)$ の絶対値で与えられることを示せ.

1.4　$z=re^{i\theta}, \zeta=Re^{i\varphi}$ のとき $1/(\zeta-z)$ の絶対値と実部を R, r, θ, φ を用いて表せ.

1.5　複素数体を含み, 次の(1),(2)を同時に満たすような体は存在しないことを示せ.

（1）i の他に元 j があり, 任意の元は $a+bi+cj\ (a,b,c\in\mathbb{R})$ の形に一意的に表される.

演習問題 ——— 15

(2) 加減乗除の規則$(1.1),(1.2)$が成り立つ.

1.6 $|\alpha|<1$ であるとき次のことを確かめよ.

$$|z| \underset{>}{\overset{\leqq}{=}} 1 \Longleftrightarrow \left| \frac{z-\alpha}{\bar{\alpha}z-1} \right| \underset{>}{\overset{\leqq}{=}} 1 \qquad （複号同順）$$

1.7 次の等式を示せ：

$$\sum_{n=1}^{\infty} \frac{z^{n-1}}{(1-z^n)(1-z^{n+1})} = \begin{cases} \dfrac{1}{(1-z)^2} & （|z|<1 \text{ のとき}） \\[2mm] \dfrac{1}{z(1-z)^2} & （|z|>1 \text{ のとき}） \end{cases}$$

2

ベキ級数

　多項式の項の数を無限に多くしたものがベキ級数である．おのおののベキ級数は，それに固有のある円(収束円)の内部で絶対収束する．収束円の中ではベキ級数も多項式に毛の生えたようなものであって，微分や掛け算の取り扱いが自由にできる．この章ではこうした基本的な性質とともに，ベキ級数が生み出す関数のいろいろな例を紹介したい．

§2.1　ベキ級数の収束

(a)　複素関数としてのベキ級数

　複素数を係数とする多項式

$$P(z) = a_0 + a_1 z + a_2 z^2 + \cdots + a_N z^N \tag{2.1}$$

は，私たちのよく知っている複素関数の実例だった．ここで項の数 N を無限に大きくしてゆけば，無限級数

$$a_0 + a_1 z + a_2 z^2 + \cdots = \sum_{n=0}^{\infty} a_n z^n \tag{2.2}$$

に到達する．この形の級数を**ベキ級数**(power series)とよぶ．もし z をある範囲で動かしたときにこの級数が収束しているならば，そこにおいて定義された１つの複素関数が得られるであろう．この章では，ベキ級数で定義される関数の性質について詳しく調べていく．

18——— 第2章　ベキ級数

（b）　収束半径

どんなベキ級数(2.2)も $z=0$ では1項しかないから自明に収束する．ではどのような $z\neq0$ で収束するか？　これに関して基本的なのは次の事実である．

定理 2.1　任意のベキ級数(2.2)に対し，次のいずれか1つが成り立つ.

（ⅰ）　すべての z に対し絶対収束.

（ⅱ）　ある $\rho>0$ があって，$|z|<\rho$ において絶対収束，かつ $|z|>\rho$ においては発散.

（ⅲ）　0以外のすべての z に対して発散.　　　　　　　　　□

すなわちそれぞれのベキ級数は，自分に固有のある円板の内部 $\{z\in\mathbb{C}\,|\,|z|<\rho\}$ で絶対収束する．これをベキ級数(2.2)の**収束円**(circle of convergence)，ρ をその**収束半径**(radius of convergence)という．（ⅰ）は $\rho=\infty$（収束円は全平面 $\mathbb{C}$），（ⅲ）は $\rho=0$（収束円は空集合）である特別の場合と考える．

（ⅱ）には等号が入っていないことに注意しよう．証明に入る前に例をあげるが，そこでわかるように z がちょうど収束円上 $|z|=\rho$ にあるときの収束・発散に関しては色々な状況が起こり，一般には何も言えないのである．

例 2.2　次の級数は共通の収束半径 $\rho=1$ を持つ.

$$f_0(z) = z+z^2+\cdots+z^n+\cdots, \tag{2.3}$$

$$f_1(z) = \frac{z}{1}+\frac{z^2}{2}+\cdots+\frac{z^n}{n}+\cdots, \tag{2.4}$$

$$f_2(z) = \frac{z}{1^2}+\frac{z^2}{2^2}+\cdots+\frac{z^n}{n^2}+\cdots. \tag{2.5}$$

これらの級数の一般項は

$$|z^n| \geq \frac{|z^n|}{n} \geq \frac{|z^n|}{n^2}$$

という関係にある．もし $|z|>1$ ならば，$|z^n|/n^2\to\infty$ $(n\to\infty)$ であるから，いずれの級数も発散する．また $|z|<1$ なら幾何級数(2.3)は絶対収束だから

§2.1 ベキ級数の収束 —— 19

他の 2 つも絶対収束. 以上から, 収束半径は共通で $\rho = 1$ となる.

ちょうど $|z| = 1$ のときには微妙であって,

（1） (2.3)は $|z| = 1$ のどの点でも発散,

（2） (2.4)は $z = 1$ で発散, $|z| = 1$ 上のその他の点では収束,

（3） (2.5)は $|z| = 1$ 上で絶対収束

となっている. 実際(1)は $|z^n|$ が 0 に収束しないことから, また(3)は $\sum_{n=1}^{\infty} 1/n^2$ が収束することから明らかである. （2）で $z = 1$ とした $\sum_{n=1}^{\infty} 1/n$ が発散することは既知であるので, $z \neq 1$ としよう. $S_n = 1 + z + \cdots + z^n \ (S_0 = 1)$ とおけば,

$$
\begin{aligned}
\sum_{n=1}^{N} \frac{z^n}{n} &= \sum_{n=1}^{N} \frac{1}{n}(S_n - S_{n-1}) \\
&= \sum_{n=1}^{N-1} \left(\frac{1}{n} - \frac{1}{n+1} \right) S_n + \frac{1}{N} S_N - 1 \\
&= \sum_{n=1}^{N-1} \frac{1}{n(n+1)} \frac{1-z^{n+1}}{1-z} + \frac{1}{N} \frac{1-z^{N+1}}{1-z} - 1
\end{aligned}
$$

と変形できる(**アーベル**(Abel)**の変形法**). $|z^{n+1}|$ は有界, また $\sum_{n=1}^{\infty} 1/n(n+1)$ は収束するから, この式から(2.4)が $|z| = 1,\ z \neq 1$ で収束することがわかる. □

さて定理 2.1 を証明しよう.

補題 2.3　ベキ級数(2.2)が $z = z_0$ で収束すれば, $|z| < |z_0|$ で絶対収束する. もし $z = z_0$ で発散すれば $|z| > |z_0|$ でも発散する.

［証明］　まず, 次の注意から始めよう. ある正の実数 $R > 0$ について

$$
|a_n| \leqq \frac{M}{R^n} \quad (n \geqq 0) \quad \text{となるように } M = M(R) \text{ が選べる} \quad (2.6)
$$

が成り立っていれば(2.2)は $|z| < R$ において絶対収束する. 実際

$$
\sum_{n=0}^{\infty} |a_n z^n| \leqq \sum_{n=0}^{\infty} M \left(\frac{|z|}{R} \right)^n = \frac{M}{1 - (|z|/R)} < \infty
$$

となるからである. ベキ級数の収束を論じる際は, このように幾何級数と比べるのが常套手段である.

さて，(2.2)がもし $z = z_0$ で収束すれば，$n \to \infty$ で $a_n z_0^n \to 0$ でなければならない．特に，$|a_n z_0^n| \leqq M$ がすべての n で成り立つように $M > 0$ を選ぶことができる．$z_0 \neq 0$ の場合だけ考えれば十分だが，このときは(2.6)が $R = |z_0|$ として成立する．ゆえに(2.2)は $|z| < |z_0|$ で絶対収束している．

もし z_0 では発散し，$|z| > |z_0|$ なる z で収束しているとすれば，いま示したことに矛盾してしまう． ∎

そこで(2.2)が収束するような点 z_0 の絶対値の上限を

$$\rho = \sup\{|z_0| \mid (2.2)\text{が}z_0\text{で収束}\} \tag{2.7}$$

とおけば，$\rho = \infty, 0$ の場合もこめて確かに定理2.1が成り立つ．上の証明からわかるように，収束半径 ρ はまた

$$0 < R < \rho \quad \text{なら(2.6)が成り立ち，} \quad R > \rho \quad \text{なら成り立たない} \tag{2.8}$$

という性質で特徴づけられる．係数の絶対値 $|a_n|$ が $n \to \infty$ で速く増大するほど収束半径が小さくなるわけである．

今後，収束半径が0でないベキ級数を**収束ベキ級数**ということにする．簡単だがつぎの事実に注意しておこう．

命題 2.4 収束ベキ級数 $f(z) = \sum\limits_{n=0}^{\infty} a_n z^n$ の番号をずらして得られる級数 $\sum\limits_{n=1}^{\infty} a_n z^{n-1} = a_1 + a_2 z + a_3 z^2 + \cdots$ ももとの級数と同じ収束半径を持つ．さらに $f(0) = 0$, $f(z) \not\equiv 0$ ならば，自然数 k および $f(z)$ と同じ収束半径をもつベキ級数 $\tilde{f}(z)$ があって $f(z) = z^k \tilde{f}(z)$, $\tilde{f}(0) \neq 0$ と書ける．

[証明] $z \neq 0$ ならば $\sum\limits_{n=1}^{\infty} a_n z^n$ が収束することと $z^{-1} \times \sum\limits_{n=1}^{\infty} a_n z^n$ が収束することは同値であるから，前半は(2.7)から明らかである．後半は，$a_0 = \cdots = a_{k-1} = 0$, $a_k \neq 0$ となる k をとって $\tilde{f}(z) = \sum\limits_{n=0}^{\infty} a_{n+k} z^n$ とおけばよい． ∎

（c） 収束半径の求め方

ベキ級数(2.2)の収束半径 ρ を係数 a_n から求める方法はいくつかある．基本的な次の2つを紹介しておこう．

定理 2.5（係数比判定法） 係数 a_n が0にならず，比の極限

$$\lim_{n\to\infty}\frac{|a_n|}{|a_{n+1}|}$$

が存在するならば，それは収束半径 ρ に等しい. $\square$

定理 2.6（コーシー–アダマール（Hadamard）の公式） $1/\infty=0,\ 1/0=\infty$ と約束すれば，つねに

$$\frac{1}{\rho}=\varlimsup_{n\to\infty}\sqrt[n]{|a_n|}.\qquad(2.9)$$
$\square$

これらの定理の証明は実数の場合とまったく同様である（このシリーズの『微分と積分2』第2章を参照）．記号の意味だけ復習しておこう．実数列 $\{c_n\}_{n=0}^{\infty}$ の上極限 $c=\varlimsup_{n\to\infty}c_n$ とは，その収束部分列 $\{c_{n_k}\}_{k=0}^{\infty}$ の極限値 $\lim_{k\to\infty}c_{n_k}$ のうちの最大値のことである．上の(2.9)でなぜ $\lim$ でなく $\varlimsup$ が必要なのか，実例で説明しよう．人工的な例だが，級数

$$\sum_{n=0}^{\infty}a_nz^n=1+2z+(3z)^2+(2z)^3+(3z)^4+\cdots\qquad(2.10)$$

を考える．

$$a_n=\begin{cases}2^n&(n\text{ が奇数のとき})\\ 3^n&(n\text{ が偶数のとき})\end{cases}$$

だから，

$$|a_1|,\ \sqrt[2]{|a_2|},\ \sqrt[3]{|a_3|},\ \sqrt[4]{|a_4|},\cdots\ =\ 2,3,2,3,\cdots$$

は収束しないが，その部分列の極限値の最大は3．したがって，収束半径が $\rho=1/3$ だというのである．（この例では $a_{2n}/a_{2n+1}\to\infty,\ a_{2n+1}/a_{2n+2}\to0$ で，係数比判定法は適用できない．）

問1 級数(2.10)が $|z|<1/3$ で収束し，$|z|>1/3$ では発散することを直接確かめよ.

(d) ベキ級数の例

最も基本的な級数をいくつか挙げよう.

22────第2章　ベキ級数

例2.7（指数関数と3角関数）　複素変数の指数関数 e^z と3角関数 $\cos z$, $\sin z$ は次のベキ級数によって定義される:

$$e^z = 1 + \frac{z}{1!} + \frac{z^2}{2!} + \cdots + \frac{z^n}{n!} + \cdots, \tag{2.11}$$

$$\cos z = 1 - \frac{z^2}{2!} + \frac{z^4}{4!} - \cdots + (-1)^n \frac{z^{2n}}{(2n)!} + \cdots, \tag{2.12}$$

$$\sin z = z - \frac{z^3}{3!} + \frac{z^5}{5!} - \cdots + (-1)^n \frac{z^{2n+1}}{(2n+1)!} + \cdots. \tag{2.13}$$

指数関数(2.11)の収束半径は，係数比判定法によって

$$\rho = \lim_{n \to \infty} \frac{(n+1)!}{n!} = \infty$$

である．3角関数(2.12),(2.13)の $|z|^n$ の係数は絶対値が $1/n!$ でおさえられるから，これらの収束半径もやはり $\rho = \infty$ である．　　　□

例2.8（対数関数）　例2.2から，次の級数の収束半径は $\rho = 1$ である．

$$\log(1+z) = z - \frac{z^2}{2} + \frac{z^3}{3} - \cdots + (-1)^{n-1}\frac{z^n}{n} + \cdots. \tag{2.14}$$
□

微積分で学ぶように，$z = x$ が $-1 < x < 1$ を満たす実数のとき右辺は $\log(1+x)$ に等しい．そこで $|z| < 1$ における対数関数を(2.14)で定義し，実関数の記号をそのまま流用する．以下の例2.9, 2.10についても同様である．

例2.9（累乗関数）

$$(1+z)^\alpha = 1 + \frac{\alpha}{1!}z + \frac{\alpha(\alpha-1)}{2!}z^2 + \cdots + \binom{\alpha}{n}z^n + \cdots. \tag{2.15}$$

ただし複素数 α に対し，記号

$$\binom{\alpha}{n} = \frac{\alpha(\alpha-1)\cdots(\alpha-n+1)}{n!}, \qquad \binom{\alpha}{0} = 1 \tag{2.16}$$

は2項係数を表す．(2.16)を a_n と書くとき，α が非負の整数でなければ $a_n \neq 0$ であって

$$\frac{a_n}{a_{n+1}} = \frac{n+1}{\alpha-n}, \qquad \lim_{n\to\infty} \frac{|a_n|}{|a_{n+1}|} = 1.$$

よって係数比判定法により収束半径は $\rho=1$ である．もし $\alpha=m$（m は非負整数）ならば上の級数は有限項で切れて m 次多項式になるから，そのときはもちろん $\rho=\infty$ となる．

「微分と積分1」では(2.15)を「ベキ関数」とよんでいた．「ベキ」と「累乗」はどちらも power で同じ意味の言葉であるが，ベキ級数とまぎらわしいので本書では(2.15)を「累乗関数」と呼ぶことにする． ☐

例 2.10（逆3角関数） 次も収束半径は $\rho=1$ である．

$$\arcsin z = \sum_{n=0}^{\infty} \frac{(2n-1)!!}{(2n)!!} \frac{z^{2n+1}}{2n+1}$$

$$= z + \frac{1}{2}\frac{z^3}{3} + \frac{1\cdot 3}{2\cdot 4}\frac{z^5}{5} + \frac{1\cdot 3\cdot 5}{2\cdot 4\cdot 6}\frac{z^7}{7} + \cdots$$

$$\arctan z = \sum_{n=0}^{\infty} (-1)^n \frac{z^{2n+1}}{2n+1}$$

$$= z - \frac{z^3}{3} + \frac{z^5}{5} - \frac{z^7}{7} + \cdots$$

ここで $(2n-1)!! = (2n-1)(2n-3)\cdots 3\cdot 1$, $(2n)!! = (2n)(2n-2)\cdots 4\cdot 2$. ☐

多項式，有理関数とならんで微積分で親しんでいる3角関数，指数関数，対数関数，累乗関数，逆3角関数，およびその組み合わせで書ける関数を総称して**初等関数**（elementary function）と言う．上では級数の収束円内において，これらを複素関数として定義した．一般の z に対する初等関数についてはこの章の最後に触れる．

例 2.11（超幾何級数（hypergeometric series））

$$F(\alpha,\beta,\gamma,z) = \sum_{n=0}^{\infty} \frac{(\alpha)_n(\beta)_n}{(\gamma)_n n!} z^n$$

$$= 1 + \frac{\alpha\cdot\beta}{\gamma\cdot 1}z + \frac{\alpha(\alpha+1)\cdot\beta(\beta+1)}{\gamma(\gamma+1)\cdot 2!}z^2 + \cdots \quad (2.17)$$

24———第2章　ベキ級数

ただし $\gamma \neq 0, -1, -2, \cdots$ とし，また $(\alpha)_n = \alpha(\alpha+1)\cdots(\alpha+n-1)$ とおく.

　例 2.8〜2.10 は超幾何級数の特別な場合である：

$$F(\alpha, \beta, \beta, z) = (1-z)^{-\alpha}, \qquad zF(1, 1, 2, z) = -\log(1-z),$$

$$zF\left(\frac{1}{2}, \frac{1}{2}, \frac{3}{2}, z^2\right) = \arcsin z, \qquad zF\left(\frac{1}{2}, 1, \frac{3}{2}, -z^2\right) = \arctan z.$$

□

問2　超幾何級数(2.17)の収束半径を求めよ.

問3　$\gamma \neq 0, -1, -2, \cdots$ として，次の**合流型超幾何級数**の収束半径を求めよ.

$$F(\alpha, \gamma, z) = \sum_{n=0}^{\infty} \frac{(\alpha)_n}{(\gamma)_n n!} z^n \tag{2.18}$$

　例 2.12　次の級数の収束半径は $\rho = 0$ である.

$$1 + 1!z + 2!z^2 + \cdots + n!z^n + \cdots$$

なぜなら $z \neq 0$ なる限り $n!|z^n| \to \infty$ が成り立つ.　　　　　　　□

　例 2.13　少し毛色の違う例をあげよう. いま，因子 $1-z^n$ を $n = 1, 2, 3, \cdots$ と順に掛けあわせていった式を z について展開してみる. 例えば z^4 までの展開を計算するには $n = 5, 6, \cdots$ の因子は影響がないから，最初の 4 項だけを展開することによって

$$(1-z)(1-z^2) = 1 - z - z^2 + z^3,$$
$$(1-z)(1-z^2)(1-z^3) = 1 - z - z^2 + z^4 + z^5 - z^6,$$
$$\therefore (1-z)(1-z^2)(1-z^3)(1-z^4)\cdots = 1 - z - z^2 + (5\,\text{次以上})$$

と計算できる. これを続けていくと

$$1 - z - z^2 + z^5 + z^7 - z^{12} - z^{15} + z^{22} + z^{26} - \cdots$$

という級数が得られる（z^7 までの展開を確かめていただきたい）.

　この級数は

$$1 + \sum_{n=1}^{\infty} (-1)^n (z^{(3n-1)n/2} + z^{(3n+1)n/2}) = \sum_{n=-\infty}^{\infty} (-1)^n z^{(3n-1)n/2} \tag{2.19}$$

と書けることが知られている（第5章系5.21）. その収束半径を求めよう. こ

の場合は 0 でない係数がとびとびにしか出てこないので，係数比判定法は使えない．

$$c_n = \begin{cases} (-1)^k & (n = (3k \pm 1)k/2 \text{ の形のとき}) \\ 0 & (\text{それ以外}) \end{cases}$$

とおけば，$|c_n| \le 1$ だから $\varlimsup_{n \to \infty} \sqrt[n]{|c_n|} \le 1$，また例えば部分列 $n_k = (3k-1)k/2$ をとれば

$$\lim_{k \to \infty} |c_{n_k}|^{1/n_k} = 1.$$

したがってコーシー–アダマールの公式により，収束半径は $\rho = 1$ である． □

── 2 重対数関数 ──

例 2.2 の級数は $z = x$ が実数で $-1 < x < 1$ のとき $f_0(x) = x/(1-x)$，$f_1(x) = -\log(1-x)$ を表し，互いに $xf_1'(x) = f_0(x)$，$xf_2'(x) = f_1(x)$ という関係になっている．したがって

$$f_2(x) = -\int_0^x \frac{\log(1-t)}{t}\,dt$$

と書くことができる．この関数は 2 重対数関数 (dilogarithm, 記号 $\mathrm{Li}_2(x)$) とよばれ，興味深い性質が知られている (L. Lewin, *Polylogarithms and associated functions*, 2nd ed., North Holland, 1981)．例えば

$$\mathrm{Li}_2\left(\frac{x}{1-x}\frac{y}{1-y}\right) = \mathrm{Li}_2\left(\frac{x}{1-y}\right) + \mathrm{Li}_2\left(\frac{y}{1-x}\right)$$

$$- \mathrm{Li}_2(x) - \mathrm{Li}_2(y) - \log(1-x)\log(1-y),$$

$$\mathrm{Li}_2(1) = \frac{\pi^2}{6}, \qquad \mathrm{Li}_2\left(\frac{\sqrt{5}-1}{2}\right) = \frac{\pi^2}{10} - \left(\log\left(\frac{\sqrt{5}-1}{2}\right)\right)^2.$$

2 重対数関数はオイラーをはじめとして多くの人がとりあげてきたが，近年整数論から数理物理学にいたるいろいろな分野に顔を出し，再び注目されている．

26———第2章　ベキ級数

§2.2　ベキ級数の微分

(a)　微分の定義

複素関数の微分は，実数の場合にならって次のように定める.

定義 2.14

$$\frac{df}{dz}(z) = \lim_{h \to 0} \frac{f(z+h) - f(z)}{h} \tag{2.20}$$

詳しく言えば，右辺は h が 0 でない複素数の値をとりつつ $|h| \to 0$ となる極限，の意味である.　　　　　　　　　　　　　　　　　　　　　　　　□

実関数の場合と同様に，

$$f'(z) = \frac{df}{dz}(z) \ (\text{または} \ \frac{d}{dz}f(z)), \quad f''(z) = \frac{d^2 f}{dz^2}(z), \quad \cdots\cdots$$

などとも書く.

例 2.15　例えば $f(z) = z^2$ とすると，

$$\lim_{h \to 0} \frac{(z+h)^2 - z^2}{h} = \lim_{h \to 0}(2z+h) = 2z$$

で，これはすべての点で微分可能. 同様にして

$$\frac{d}{dz}z^n = nz^{n-1} \qquad (n = 0, 1, 2, \cdots) \tag{2.21}$$

が複素関数についても成り立っている.　　　　　　　　　　　　　　　　□

問4　$z \neq 0$ のとき (2.21) は $n = -1, -2, \cdots$ でも成り立つことを確かめよ.

次の性質は実関数の微積分とまったく同じように導くことができるから，繰り返すまでもないだろう.

命題 2.16　$f(z)$ が点 z で微分可能なら，そこで連続である：
$$\lim_{h \to 0} f(z+h) = f(z).$$
　　　　　　　　　　　　　　　　　　　　　　　　　　　　　　　　　　□

命題 2.17　$f(z), g(z)$ が微分可能であるとき，

$$\frac{d}{dz}(f(z) \pm g(z)) = \frac{d}{dz}f(z) \pm \frac{d}{dz}g(z),$$

$$\frac{d}{dz}(f(z)g(z)) = \left(\frac{d}{dz}f(z)\right)g(z) + f(z)\left(\frac{d}{dz}g(z)\right),$$

$$\frac{d}{dz}\alpha f(z) = \alpha\frac{d}{dz}f(z) \quad (\alpha \text{ は定数}).$$ ☐

命題 2.18 $f(z)$ が点 z で，$g(w)$ が対応する点 $w = f(z)$ で，それぞれ微分可能ならば，$g(f(z))$ はその点 z で微分可能であって

$$\frac{d}{dz}g(f(z)) = g'(f(z))f'(z).$$

特に，$f(z)$ が点 z で微分可能で $f(z) \neq 0$ ならば $1/f(z)$ もそこで微分可能であって

$$\frac{d}{dz}\left(\frac{1}{f(z)}\right) = -\frac{f'(z)}{f(z)^2}.$$ ☐

z^n $(n = 0, 1, 2, \cdots)$ は微分可能だから，これらの性質よりすべての多項式はいたるところ微分可能である．また有理関数 $Q(z)/P(z)$ は分母の $P(z)$ が零になる点を除き微分可能である．

注意 2.19 形式的には $(\log f(z))' = f'(z)/f(z)$ であるからこれを $f(z)$ の**対数微分**(logarithmic derivative)という．積 $h(z) = f(z)g(z)$ の微分法は対数微分の形に

$$\frac{h'(z)}{h(z)} = \frac{f'(z)}{f(z)} + \frac{g'(z)}{g(z)}$$

と書いておくと分かりやすい．

(b) ベキ級数の微分法

例 2.2 の(2.5)–(2.3)は z 倍を除き順に項別に微分して得られる関係になっているが(囲み記事参照)，いずれも共通の収束半径 1 を持っていた．これは偶然ではなく，一般に成り立つ事実である．

定理 2.20 収束ベキ級数

$$f(z) = a_0 + a_1 z + a_2 z^2 + \cdots + a_n z^n + \cdots \tag{2.22}$$

28——第2章　ベキ級数

を項別に微分して得られるベキ級数を

$$f_1(z) = a_1 + 2a_2z + 3a_3z^2 + \cdots + na_nz^{n-1} + \cdots$$

とする．このとき両者の収束半径は等しく，さらに収束円の内部で

$$\frac{d}{dz}f(z) = f_1(z)$$

が成り立つ．

　[証明]　$f(z), f_1(z)$ の収束半径をそれぞれ ρ, ρ_1 とする．明らかに

$$\frac{1}{\rho} = \varlimsup_{n \to \infty} |a_n|^{1/n} \leqq \varlimsup_{n \to \infty} (n|a_n|)^{1/n} = \frac{1}{\rho_1}$$

である．一方 $1/\rho_1$ に収束する部分列 $(n_k|a_{n_k}|)^{1/n_k}$ をとれば，$n_k^{1/n_k} \to 1$ であるから

$$\frac{1}{\rho_1} = \lim_{k \to \infty} |a_{n_k}|^{1/n_k} \leqq \varlimsup_{n \to \infty} |a_n|^{1/n} = \frac{1}{\rho}.$$

したがって $\rho = \rho_1$ となる．

　さて収束円の中の点 z を1つ固定して，h は十分小さい範囲にとり

$$|a_n| \leqq \frac{M}{R^n}, \qquad |z|, |z|+|h| < R < \rho$$

となるように M, R を選んでおこう．正直に差をとって

$$\left| \frac{f(z+h)-f(z)}{h} - f_1(z) \right| \leqq \sum_{n=0}^{\infty} |a_n| \left| \frac{(z+h)^n - z^n}{h} - nz^{n-1} \right| \quad (2.23)$$

が0に近づくことを示す．2項定理により

$$\left| \frac{(z+h)^n - z^n}{h} - nz^{n-1} \right| = \left| \sum_{k=2}^{n} \binom{n}{k} h^{k-1} z^{n-k} \right|$$

$$\leqq \sum_{k=2}^{n} \binom{n}{k} |h|^{k-1} |z|^{n-k}$$

$$= \frac{(|z|+|h|)^n - |z|^n}{|h|} - n|z|^{n-1}$$

が得られる．ここで

$$F(x) = \sum_{n=0}^{\infty} \frac{M}{R^n} x^n = \frac{M}{1-(x/R)} \qquad (|x| < R)$$

とおけば,

$$(2.23)\text{の右辺} \leqq \sum_{n=0}^{\infty} \frac{M}{R^n} \left(\frac{(|z|+|h|)^n - |z|^n}{|h|} - n|z|^{n-1} \right)$$

$$= \frac{F(|z|+|h|) - F(|z|)}{|h|} - \frac{dF}{dx}(|z|). \qquad (2.24)$$

ただし

$$\sum_{n=0}^{\infty} \frac{M}{R^n} nx^{n-1} = \frac{M/R}{(1-(x/R))^2} = \frac{dF}{dx}$$

となることを用いた. $F(x)$ は実関数として微分可能だから, $h \to 0$ の極限で (2.24) の右辺は 0 に近づく. ∎

系 2.21 収束ベキ級数 (2.22) は収束円の内部で何回でも微分可能である. また収束円のなかで原始関数を持つ:

$$F(z) = c + a_0 \frac{z}{1} + a_1 \frac{z^2}{2} + a_2 \frac{z^3}{3} + \cdots,$$

$$F'(z) = f(z).$$

ここに c は任意の定数. □

ベキ級数を繰り返し微分して $z=0$ とおけば,

$$f^{(n)}(0) = n! a_n \qquad (n=0,1,2,\cdots)$$

が得られる. このことから, 展開の係数 a_n は関数 $f(z)$ によってただ一通りに決まっていることがわかる. 当然のことのようだが大事な事実なので, 定理の形に述べておこう.

定理 2.22(ベキ級数展開の一意性) 共通の円板 $|z| < R$ で収束する 2 つのベキ級数

$$f(z) = a_0 + a_1 z + a_2 z^2 + \cdots + a_n z^n + \cdots,$$

$$g(z) = b_0 + b_1 z + b_2 z^2 + \cdots + b_n z^n + \cdots$$

が関数として一致する(すなわち $f(z) = g(z)$ が $|z| < R$ で成り立つ)ならば, ベキ級数展開の係数はすべて等しい: $a_n = b_n$ $(n=0,1,2,\cdots)$. □

30——— 第2章 ベキ級数

微分を計算するには，原点の近傍全体でなくとも例えば実軸の正の方向だけを使っても十分であるから，もっと緩い条件(例えば $f(x) = g(x)$ が十分小さい $x > 0$ で成り立つ)でも同じ結論が得られる．後述の一致の定理 2.38 参照．

例題 2.23 微分方程式

$$(1+z)\frac{dy}{dz} = \alpha y \tag{2.25}$$

の収束ベキ級数解 $y = \sum_{n=0}^{\infty} c_n z^n$ をすべて求めよ．

[解] 微分方程式に代入して項別微分すれば

$$(1+z)\sum_{n=1}^{\infty} nc_n z^{n-1} = \alpha \sum_{n=0}^{\infty} c_n z^n$$

を得る．係数の一意性から z^n の係数を等しいとおくことができて

$$(n+1)c_{n+1} = (\alpha - n)c_n \qquad (n = 0, 1, 2, \cdots).$$

この漸化式を解けば $c_n = \binom{\alpha}{n} c_0$ を得る．ゆえに

$$y = c_0 \sum_{n=0}^{\infty} \binom{\alpha}{n} z^n = c_0 (1+z)^\alpha \qquad (c_0 \text{ は任意定数}).$$

問5 項別微分によって次の式を確かめよ．

$$\frac{d}{dz} e^z = e^z, \quad \frac{d}{dz} \sin z = \cos z, \quad \frac{d}{dz} \cos z = -\sin z,$$

$$\frac{d}{dz} \log(1+z) = \frac{1}{1+z}.$$

§2.3 ベキ級数の生み出す関数

与えられたベキ級数から新しいベキ級数を作る操作を考えよう．

§2.3　ベキ級数の生み出す関数———*31*

（a）　ベキ級数の積

定理 1.11 から，つぎの事実はただちに従う.

定理 2.24　ベキ級数 $f(z) = \sum\limits_{n=0}^{\infty} a_n z^n$, $g(z) = \sum\limits_{n=0}^{\infty} b_n z^n$ の収束半径をそれぞれ ρ_1, ρ_2 とすると，積 $f(z)g(z)$ は $|z| < \min(\rho_1, \rho_2)$ で絶対収束する次のベキ級数で表される：

$$f(z)g(z) = \sum_{n=0}^{\infty} c_n z^n, \qquad c_n = \sum_{k=0}^{n} a_k b_{n-k}.$$

□

例 2.25　実関数の場合から考えて，累乗関数は次の性質を持つだろうと期待される.

$$(1+z)^{\alpha}(1+z)^{\beta} = (1+z)^{\alpha+\beta} \qquad (|z| < 1). \tag{2.26}$$

これは見かけほど当たり前ではない. 実際，両辺の各ベキの係数を比べれば (2.26) は一連の等式

$$\binom{\alpha}{0}\binom{\beta}{n} + \binom{\alpha}{1}\binom{\beta}{n-1} + \cdots + \binom{\alpha}{n}\binom{\beta}{0} = \binom{\alpha+\beta}{n}$$

$$(n = 0, 1, 2, \cdots)$$

と同じ内容を持っているのだから. 例題 2.23 を応用してこれを証明しよう.

いま $f_\alpha(z) = (1+z)^{\alpha}$ とおけば定理 2.24 によって積 $g(z) = f_\alpha(z) f_\beta(z)$ は収束ベキ級数に展開できるが，さらに

$$(1+z)\frac{d}{dz}(f_\alpha(z)f_\beta(z)) = \alpha f_\alpha(z) \cdot f_\beta(z) + f_\alpha(z) \cdot \beta f_\beta(z)$$

$$= (\alpha+\beta)f_\alpha(z)f_\beta(z).$$

すなわち $g(z)$ は (2.25) で α を $\alpha+\beta$ とした方程式の解である. ゆえに $g(z) = c_0(1+z)^{\alpha+\beta}$ となり，$z = 0$ とおけば $c_0 = 1$ であることがわかる. □

（b）　ベキ級数の合成

2 つの収束ベキ級数 $f(z), g(w)$ があって $f(z)$ が z の 1 次から始まるとしよう. $f(0) = 0$ だから，十分小さい $|z|$ については $w = f(z)$ は $g(w)$ の収束円内に入り，合成 $g(f(z))$ を考えることができる. いま

32———第2章　ベキ級数

$$f(z) = a_1 z + a_2 z^2 + a_3 z^3 + \cdots, \qquad g(w) = b_0 + b_1 w + b_2 w^2 + b_3 w^3 + \cdots$$

とすれば，形式的に代入した級数 $g(f(z))$ の z の各ベキの係数は順に有限の手続きで決まってゆく．すなわち

$$b_0 + b_1(a_1 z + a_2 z^2 + a_3 z^3 + \cdots) + b_2(a_1 z + a_2 z^2 + a_3 z^3 + \cdots)^2$$
$$+ b_3(a_1 z + a_2 z^2 + a_3 z^3 + \cdots)^3 + \cdots$$
$$= c_0 + c_1 z + c_2 z^2 + c_3 z^3 + \cdots$$

とおけば

$$c_0 = b_0, \quad c_1 = b_1 a_1, \quad c_2 = b_1 a_2 + b_2 a_1^2,$$
$$c_3 = b_1 a_3 + 2b_2 a_1 a_2 + b_3 a_1^3, \qquad\qquad (2.27)$$
$$c_4 = b_1 a_4 + b_2(2a_1 a_3 + a_2^2) + 3b_3 a_1^2 a_2 + b_4 a_1^4, \quad \cdots\cdots$$

定理 2.26　上に定めた級数 $h(z) = \sum_{n=0}^{\infty} c_n z^n$ は十分小さい $r > 0$ に対し $|z| < r$ で絶対収束して合成関数 $g(f(z))$ に等しい． □

証明は付録で紹介する．

問6　次の級数展開を z^4 まで計算せよ：
(1) $(1 - 2z\cos\theta + z^2)^\alpha$ 　　(2) $e^{-xz/(1-z)}$ 　　(3) $\cos(az/\sqrt{1+z})$.

例題 2.27

$$e^{\alpha \log(1+z)} = (1+z)^\alpha \qquad (|z| < 1) \qquad (2.28)$$

を示せ．

［解］　$g(w) = e^w$ は収束半径 ∞ であるから，$f(z) = \alpha\log(1+z)$ の収束円 $|z| < 1$ のなかでは合成が意味を持っている．実際に展開してみれば

$$1 + \left(\alpha z - \frac{\alpha z^2}{2} + \frac{\alpha z^3}{3} - \cdots\right) + \frac{1}{2!}\left(\alpha z - \frac{\alpha z^2}{2} + \cdots\right)^2 + \frac{1}{3!}\left(\alpha z - \cdots\right)^3 + \cdots$$
$$= 1 + \alpha z + \frac{\alpha(\alpha-1)}{2}z^2 + \frac{\alpha(\alpha-1)(\alpha-2)}{6}z^3 + \cdots$$

が確かめられるが，一般項を計算するのは容易ではない．そこで，$h(z) =$

§2.3 ベキ級数の生み出す関数——33

$g(f(z))$ を微分してみると

$$h'(z) = g'(f(z))f'(z) = h(z)\frac{\alpha}{1+z}$$

となる. $h(z)$ はベキ級数展開を持つことが保証されているから, これと $h(0)=1$ をあわせれば例 2.25 の論法により求める関係を得る. ∎

(c) ベキ級数の逆数

合成関数の特別な場合として, ベキ級数の逆数がある.

定理 2.28 収束ベキ級数 $f(z)$ が $f(0)\neq 0$ を満たすならば, $1/f(z)$ は十分小さい $|z|$ の値で収束するベキ級数に展開される. □

実際, 適当に定数倍して $f(0)=1$ としてよいが, $f(z)=1+\varphi(z)$($\varphi(z)$ は z の 1 次から始まる級数)と書けば $g(w)=1/(1+w)$ との合成関数 $1/f(z)=g(\varphi(z))$ の問題に帰着する.

例 2.29

$$\frac{e^z-1}{z} = 1+\frac{z}{2!}+\frac{z^2}{3!}+\cdots$$

の逆数を展開してみる.

$$\frac{z}{e^z-1} = 1+b_1z+b_2z^2+\cdots$$

とおけば, 係数 b_n は

$$1 = \left(1+\frac{z}{2!}+\frac{z^2}{3!}+\cdots\right)\left(1+b_1z+b_2z^2+\cdots\right),$$
$$0 = b_1+\frac{1}{2!}, \qquad 0 = b_2+\frac{1}{2!}b_1+\frac{1}{3!}, \qquad \cdots$$

から順に $b_1=-1/2$, $b_2=1/12$, $\cdots$ と決めることができる. 今の場合

$$\frac{z}{e^z-1}+\frac{z}{2} = \frac{z}{2}\frac{e^{z/2}+e^{-z/2}}{e^{z/2}-e^{-z/2}} \tag{2.29}$$

は偶関数だから右辺の展開は偶数ベキだけを含み,

34———第2章　ベキ級数

$$\frac{z}{e^z-1}+\frac{z}{2}=1+\sum_{n=1}^{\infty}(-1)^{n-1}\frac{B_{2n}}{(2n)!}z^{2n} \qquad (2.30)$$

の形になる．この級数の収束半径は $\rho=2\pi$ となることがあとでわかる（第4章例4.11）．

B_{2n} は**ベルヌーイ**（Bernoulli）**数**とよばれる有理数で，整数論や位相幾何学で重要な役割をはたす．はじめのいくつかを書くと，

$$B_2=\frac{1}{6},\quad B_4=\frac{1}{30},\quad B_6=\frac{1}{42},\quad B_8=\frac{1}{30},\quad B_{10}=\frac{5}{66},\quad B_{12}=\frac{691}{2730},$$

$$B_{14}=\frac{7}{6},\quad B_{16}=\frac{3617}{510},\quad B_{18}=\frac{43867}{798},\quad B_{20}=\frac{174611}{330},\quad \cdots$$

と，なかなか神秘的である．実は n が偶数であるとき，

$$1+\frac{1}{2^n}+\frac{1}{3^n}+\frac{1}{4^n}+\cdots=\frac{2^{n-1}B_n}{n!}\pi^n \qquad (n=2,4,6,\cdots)$$

となることが知られている（第5章系5.8）．これに反して n が奇数のときの左辺については，$n=3$ が無理数であることが近年証明された以外めぼしい性質はわかっていないようである． □

なお (2.29) の右辺で z を $2iz$ におきかえれば，余接関数 $\cot z=\cos z/\sin z$ のベキ級数展開を得る．

$$z\cot z=1-\sum_{n=1}^{\infty}\frac{2^{2n}B_{2n}}{(2n)!}z^{2n}. \qquad (2.31)$$

問7　ベキ級数展開 $1/(1-2xz+z^2)=\sum_{n=0}^{\infty}P_n(x)z^n$ の係数 $P_1(x),\cdots,P_5(x)$ を求めよ．

(d)　逆 関 数

定理2.30　収束ベキ級数 $w=f(z)=a_1z+a_2z^2+\cdots$ が $a_1\neq0$ を満たすならば，$w=0$ で $z=0$ となる逆関数が収束ベキ級数 $z=g(w)=b_1w+b_2w^2+\cdots$ としてただ1つ定まる．すなわち

§2.3 ベキ級数の生み出す関数 —— 35

$$z = g(f(z)), \qquad w = f(g(w)) \qquad (|z|, |w| \text{は十分小}).$$

$g(w)$ の係数を決めるには，合成級数(2.27)の係数を $c_1 = 1$, $c_n = 0$ $(n \neq 1)$ とおいて b_n を a_n で解けばよい：

$$b_1 = \frac{1}{a_1},\ b_2 = -\frac{a_2}{a_1^3},\ b_3 = -\frac{a_3}{a_1^4} + 2\frac{a_2^2}{a_1^5},\ b_4 = -\frac{a_4}{a_1^5} + 5\frac{a_2 a_3}{a_1^6} - 5\frac{a_2^3}{a_1^7},\ \cdots$$

これが収束ベキ級数を定めることの証明は付録にまわし，例をあげる．

例 2.31 $w = f(z) = z + z^2$ の逆関数を求める．上の手続きにより

$$z = w - w^2 + 2w^3 - \cdots$$

を得る．この場合は 2 次方程式を解けば一般項が求められる．

$$z = \frac{1}{2}\left(-1 + \sqrt{1 + 4w}\right) = \frac{1}{2}\sum_{n=1}^{\infty}\binom{1/2}{n}(4w)^n$$

もう一方の解 $z = (-1 - \sqrt{1+4w})/2$ は $w = 0$ で $z = 0$ を満たさない． □

例 2.32 定理 2.30 の意味での $w = \sin z$ の逆関数を求める．$dw/dz = \cos z = \sqrt{1 - w^2}$ を利用すれば(§2.5 (b)を参照)

$$\frac{dz}{dw} = \frac{1}{\sqrt{1 - w^2}} = 1 + \frac{1}{2}w^2 + \frac{1 \cdot 3}{2 \cdot 4}w^4 + \frac{1 \cdot 3 \cdot 5}{2 \cdot 4 \cdot 6}w^6 + \cdots$$

であるから，$w = 0$ のとき $z = 0$ という条件でこれを解けば

$$z = w + \frac{1}{2}\frac{w^3}{3} + \frac{1 \cdot 3}{2 \cdot 4}\frac{w^5}{5} + \frac{1 \cdot 3 \cdot 5}{2 \cdot 4 \cdot 6}\frac{w^7}{7} + \cdots = \arcsin w.$$

同様に $w = \tan z$ の逆関数は $dz/dw = 1/(1 + w^2)$ から

$$z = w - \frac{w^3}{3} + \frac{w^5}{5} - \frac{w^7}{7} + \cdots = \arctan w.$$

これは元の級数

$$w = \tan z = z + \frac{1}{3}z^3 + \frac{2}{15}z^5 + \frac{17}{315}z^7 + \frac{62}{2835}z^9 + \cdots$$

よりむしろずっと簡単である(演習問題参照)．しかし，実数の範囲で考えても，例えば $\arcsin w$ よりも $\sin z$ のほうが関数としては簡明な性質を持っている．

36——第2章　ベキ級数

k をパラメータとするとき

$$\frac{dz}{dw} = \frac{1}{\sqrt{(1-w^2)(1-k^2w^2)}}$$

の解を楕円積分とよぶ. $k=0$ としたものは $\arcsin w$ で与えられるが, 一般の場合 z を w の初等関数で表すことはできない. その逆関数は楕円関数とよばれ, 2つの独立な周期をもつ関数になる. アーベルとヤコビ(Jacobi)は独立に(実はそれ以前にガウスも)逆関数を考えるというアイディアを得て, 楕円関数論という新しい沃野を切り開いた. □

関数論を作った人々

　　個々の具体的な関数を複素変数に広げて考察することはオイラー(1707–1783)に始まるといわれる. アーベル(1802–1829), ヤコビ(1804–1851)らによる楕円関数論とその一般化である代数関数論は 19 世紀数学のもっとも重要な成果の1つであるが, ここでも複素関数としての考察が本質的であった. ガウス(1777–1855)はそれ以前から楕円関数, 超幾何関数, モジュラー関数などの研究を独自に展開し, 複素関数論の実質的部分を手にしていたが, その研究は発表されることなく終わった. 一方コーシー(1789–1857)は 1820 年代に始まる研究で, ベキ級数の収束円や後に述べるコーシーの積分定理と留数計算など基本的な事実を確立した. コーシーのもともとの動機は定積分の統一的計算法を与えることにあったらしい.

　　これらの成果を踏まえて, 19 世紀後半, リーマン(Riemann, 1826–1866), ワイエルシュトラス(Weierstrass, 1815–1897)らにより今日の複素関数の一般論がほぼ整えられた.

---

§2.4　解析関数

(a)　ベキ級数への再展開

多項式の表し方は, (2.1)が唯一のものではない. いま勝手に $c \in \mathbb{C}$ をとっ

$$\S 2.4 \quad \text{解析関数} \text{---} 37$$

て，z^n を2項展開する：

$$z^n = (c+(z-c))^n = \sum_{k=0}^n \binom{n}{k} c^{n-k}(z-c)^k.$$

これを(2.1)の各項に代入して整理すると，

$$P(z) = \sum_{n=0}^N a_n \sum_{k=0}^n \binom{n}{k} c^{n-k}(z-c)^k = b_0 + b_1(z-c) + \cdots + b_N(z-c)^N$$

の形にまとめなおすことができる．このときの係数は，よく見ると

$$b_k = \sum_{n=k}^N \binom{n}{k} a_n c^{n-k} = \frac{1}{k!} \sum_{n=k}^N n(n-1)\cdots(n-k+1)a_n c^{n-k} = \frac{P^{(k)}(c)}{k!}$$

で与えられる．つまり，上の展開は多項式 $P(z)$ を点 c でテイラー（Taylor）
展開したことに他ならない：

$$P(z) = P(c) + \frac{P'(c)}{1!}(z-c) + \cdots + \frac{P^{(N)}(c)}{N!}(z-c)^N. \quad (2.32)$$

注意 2.33　特に $P(c)=0$ ならば $P(z)$ は $z-c$ で割り切れる，つまり $P(z) = (z-c)P_1(z)$（$P_1(z)$ は多項式）と書けることがわかる．これを因数定理という（「代数入門1」参照）．

　同じことをベキ級数 $f(z) = \sum_{n=0}^\infty a_n z^n$ に対して実行してみよう．収束円 $|z| < \rho$ の内部に点 c をとり，上の変形で形式的に $N \to \infty$ とすれば

$$f(z) = b_0 + b_1(z-c) + b_2(z-c)^2 + \cdots = \sum_{n=0}^\infty b_n(z-c)^n, \quad (2.33)$$

$$b_k = \sum_{n=k}^\infty \binom{n}{k} a_n c^{n-k} = \frac{f^{(k)}(c)}{k!}$$

が得られるだろう．(2.33)の形の級数を，**点 c を中心とするベキ級数**とよぶ．
　いま述べた主張を確かめておこう．
　定理 2.34　収束ベキ級数は収束円内の各点 c を中心としてベキ級数展開
可能である．すなわち，(2.33)の右辺は c を中心として収束円 $|z| < \rho$ に含ま
れる最大の円板 $|z-c| < \rho - |c|$ で絶対収束し，$f(z)$ に等しい．
　［証明］　$0 < R < \rho$ を任意にとって，$|z-c| < R - |c|$ で考えればよい．$|a_n| \leqq$

MR^{-n} となるように $M>0$ をとる．このとき

$$\sum_{n=0}^{\infty}|a_n|\sum_{k=0}^{n}\binom{n}{k}|c|^{n-k}|z-c|^k \leq \sum_{n=0}^{\infty}MR^{-n}(|z-c|+|c|)^n = \frac{MR}{R-|z-c|-|c|}$$

は有限である．よって絶対収束する2重級数の和の順序を交換すれば

$$\sum_{n=0}^{\infty}a_n\sum_{k=0}^{n}\binom{n}{k}c^{n-k}(z-c)^k = \sum_{k=0}^{\infty}(z-c)^k\sum_{n=k}^{\infty}a_n\binom{n}{k}c^{n-k}$$
$$= \sum_{k=0}^{\infty}\frac{f^{(k)}(c)}{k!}(z-c)^k.$$

∎

例 2.35 幾何級数 (2.3) を，点 c ($|c|<1$) のまわりでベキ級数展開してみよう．

$$\frac{1}{1-z} = \frac{1}{(1-c)-(z-c)} = \frac{1}{(1-c)\left(1-\dfrac{z-c}{1-c}\right)}$$
$$= \frac{1}{1-c} + \frac{z-c}{(1-c)^2} + \frac{(z-c)^2}{(1-c)^3} + \cdots$$

この級数は定理 2.34 が保証する範囲 $|z-c|<1-|c|$ よりも一般に大きい円板 $|z-c|<|1-c|$ で収束している（図 2.1 参照）． □

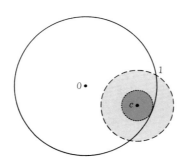

図 2.1 $1/(1-z)$ の解析接続．点線の円は $|z-c|<1-|c|$，破線の円は $|z-c|<|1-c|$ を表す．

（b）解析性

さて，少し言葉を用意しよう．今後，中心 c，半径 $r>0$ の円板を記号
$$D(c;r) = \{z \in \mathbb{C} \mid |z-c| < r\}$$
と表す．円周は含んでいないのでこれを**開円板**(open disk)といい，**閉円板**（closed disk）
$$\overline{D}(c;r) = \{z \in \mathbb{C} \mid |z-c| \leqq r\}$$
と区別する．ある性質や条件が，点 c を含む十分小さい開円板 $D(c;r)$ ($r>0$) で成り立つとき，「c の**近傍**(neighborhood)で成り立つ」と言う．

複素平面の部分集合 U が**開集合**(open set)であるとは，その各点 $c \in U$ ごとに $D(c;r) \subset U$ ($r>0$) が成り立つような開円板がとれることをいう．（直観的には「ふち」が入っていない集合ということである．）また，任意の2点 $a, b \in U$ を U 内の連続な曲線で結ぶことができるとき，U は**弧状連結**(arcwise connected)であるという．式で書けば，区間 $0 \leqq t \leqq 1$ 上の連続関数 $z = z(t)$ があって，$z(0) = a, z(1) = b$ かつ $z(t) \in U$ ($0 \leqq t \leqq 1$) となることである．弧状連結な開集合を**領域**(domain)という．図2.2のようなイメージを思い浮かべればよい．

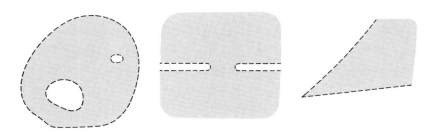

図 2.2　領域の例

定義 2.36　ある領域 $\mathcal{D}$ で定義された関数 $f(z)$ が，$\mathcal{D}$ の各点の近傍で収束ベキ級数に展開できるとき，$f(z)$ は**解析的**(analytic)であるという．　　□

定理 2.34 の主張は，「ベキ級数はその収束円の内部において解析的である」と述べられる．

40———第2章 ベキ級数

注意2.37 実変数の関数 $f(x)$ が実数の開区間 (a, b) の各点でベキ級数に展開できるとき，$f(x)$ は**実解析的**(real analytic)であるという．例えば e^x, $\sin x$, $1/(1+x^2)$ は $\mathbb{R}$ 上実解析的である．各点 x での収束円を D_x とすれば，$f(x)$ は $\mathbb{C}$ の領域 $\bigcup_{x \in (a,b)} D_x$ で解析的である．言い換えると，実解析関数は (a, b) を含む $\mathbb{C}$ のある領域における解析関数を実軸に制限して考えたものにほかならない．

（c） 一意接続の原理

解析関数の各点での展開は，一般に定義領域の一部でしか収束しない．ところが，関数が解析的である限り，1点での展開から遠くの点での値も自然に決まってしまうのである．すなわち次の事実が成り立つ．

定理2.38（一致の定理） $f(z), g(z)$ は領域 $\mathcal{D}$ 上で解析的であるとし，点 $a \in \mathcal{D}$ に収束するある点列 $z_n \to a$ $(z_n \neq a, z_n \in \mathcal{D})$ の上で値が一致しているとする：

$$f(z_n) = g(z_n) \qquad (n = 1, 2, \cdots).$$

このとき，$\mathcal{D}$ のすべての点で $f(z) = g(z)$ が成り立つ．特別の場合として，$f(z) = g(z)$ が，(i) ある点の近傍で，あるいは，(ii) ある線分(例えば実軸の区間)の上で，恒等的に成り立つならば，$\mathcal{D}$ 全体で成り立つ．

[証明] $f(z) - g(z)$ を改めて $f(z)$ とすれば，$g(z)$ が恒等的に 0 の場合に示せばよい．

まず $z = a$ の近くで $f(z) \equiv 0$ が成り立つことを示そう．$f(z)$ は解析的であるから，a を中心としたベキ級数展開をもつ：

$$f(z) = a_0 + a_1(z-a) + a_2(z-a)^2 + \cdots \qquad (2.34)$$

ここで，仮定により $f(z_n) = 0$ だから

$$a_0 = f(a) = \lim_{n \to \infty} f(z_n) = 0.$$

このとき $f_1(z) = f(z)/(z-a) = a_1 + a_2(z-a) + \cdots$ は(2.34)と同じ収束半径を持つ(命題2.4)．しかも $z_n \neq a$ だから $f_1(z_n) = 0$．ゆえに再び $n \to \infty$ とすれば $a_1 = f_1(a) = 0$ を得る．これを繰り返せば，結局 $a_n = 0$ がすべての n について導かれる．

次に勝手な点 $b \in \mathcal{D}$ をとって，ここでも $f(b) = 0$ が成り立つことを見たい．

§2.4 解析関数 —— 41

そのために，a と b を $\mathcal{D}$ 内の連続曲線 $z = z(t)$ $(0 \leqq t \leqq 1)$ で結ぶ．十分小さい t については $z(t)$ は a の近傍にあるから，今示したように $f(z(t)) = 0$ が成り立っている．そこで $f(z(t)) = 0$ が $0 \leqq t \leqq t_0$ で成り立つような最大の t_0 が $0 < t_0 \leqq 1$ の範囲にあるはずである．$t_0 = 1$ であることがいえれば $f(z(1)) = f(b) = 0$ となって目的を達する．仮に $t_0 < 1$ であるとすれば，$t_n < t_0$, $t_n \to t_0$ $(n \to \infty)$, $z(t_n) \neq z(t_0)$ となる列をとれば $f(z(t_n)) = 0$ であるから，上で示したことにより $f(z) = 0$ が $z(t_0)$ の近傍で，したがって t_0 に十分近い $t > t_0$ でも成り立つことになる．これは t_0 のとり方に矛盾している．∎

しばしば使う言葉だが，$z = a$ で $f(a) = 0$ となるとき，a は $f(z)$ の**零点**であると言う．一致の定理より

系 2.39 解析関数 $f(z)$ が恒等的に 0 でなければその零点は離散的である．すなわち $f(a) = 0$ ならば，十分小さく $r > 0$ をとると $0 < |z - a| < r$ では $f(z) \neq 0$. □

一般に，領域 $\mathcal{D}_1$ で定義された解析関数 $f_1(z)$ が，より広い領域 $\mathcal{D}_2$ で定義された解析関数 $f_2(z)$ に拡張できるとき，（詳しく言えば $\mathcal{D}_1 \subset \mathcal{D}_2$ かつ $\mathcal{D}_1$ 上 $f_1(z) = f_2(z)$ のとき）$f_2(z)$ は $f_1(z)$ の $\mathcal{D}_2$ への**解析接続**であると言う．一致の定理は，解析接続があるとすればただ 1 つに決まってしまうことを示しているので，これを**一意接続の原理**とも言う．

私たちは

$$\text{実関数} \implies \text{テイラー展開} \implies \text{複素関数}$$

というステップを踏んで，指数関数や 3 角関数を複素関数と見なした．一致の定理によれば，そのような実際の手続きとは無関係に，解析関数としての拡張は原理的に 1 つしかないことが保証されたわけである．

例 2.40 一致の定理を応用して，指数法則 $e^{z+w} = e^z e^w$ $(z, w \in \mathbb{C})$ を計算せずに証明してみよう．ただし z, w が実数のときこの式は既知とする．

まず w を実の定数とみる．このとき e^{z+w}, $e^z e^w$ はともに領域 $\mathbb{C}$ 上定義された z の解析関数であり，z が実数の場合には一致している．ゆえに一致の定理から両者はすべての $z \in \mathbb{C}$ で等しい．次に $z \in \mathbb{C}$ を固定し，w を複素変

42──── 第2章　ベキ級数

数とみて同じ議論を繰り返せば，結局任意の $z, w \in \mathbb{C}$ で指数法則が正しいことがわかる．

　指数法則の他の証明法については演習問題を参照のこと．　　　　　　　□

　上の論法は応用が広い．一般に，ある領域 $\mathcal{D}$ で定義された解析関数 $f(z)$, $g(z), \cdots$ の間の関係式（微分を含んでもよい）

$$F(f(z), g(z), \cdots, f'(z), g'(z), \cdots) = 0 \tag{2.35}$$

を考えよう．ここに F は多項式である．（2.35）がある点の近傍（あるいは実軸の区間）で成り立つならば，おなじ関係は領域 $\mathcal{D}$ 全体で成り立つ．この事実を指して，解析接続に関する**関数関係不変の原理**と言うことがある．

　問8　3角関数の加法定理
$$\sin(z+w) = \sin z \cos w + \sin w \cos z,$$
$$\cos(z+w) = \cos z \cos w - \sin z \sin w$$
を一般の複素数 z, w について証明せよ．

§2.5　初等関数

ここで複素関数としての初等関数の性質をまとめておこう．

（a）　指数関数

定理 2.41　指数関数は次の基本性質を持つ．

オイラーの公式　　　$e^{iz} = \cos z + i \sin z$

導関数　　　　$\dfrac{d}{dz} e^z = e^z$

指数法則　　　$e^{z+w} = e^z e^w$

周期性　　　$e^z = e^w \Longleftrightarrow z = w + 2n\pi i$　（n は整数）

零点の非存在　　　すべての z に対して $e^z \neq 0$.

［証明］　最初の3つについてはすでに述べた．

指数法則とオイラーの公式から，$z = x + iy$ $(x = \mathrm{Re}\, z,\ y = \mathrm{Im}\, z)$ ならば

$$e^z = e^{x+iy} = e^x e^{iy} = e^x(\cos y + i \sin y)$$

すなわちこれが e^z の極形式であり，

$$|e^z| = e^{\mathrm{Re}\,z}, \qquad \arg e^z = \mathrm{Im}\,z \quad (\mathrm{mod}\ 2\pi).$$

周期性はこの式から明らか．特に $|e^z| = e^x \neq 0$ だから，e^z は決して零点を持たない． ∎

（b） 3角関数

3角関数 $\cos z$, $\sin z$ はベキ級数で定義したが，指数関数を用いて

$$\cos z = \frac{e^{iz} + e^{-iz}}{2}, \quad \sin z = \frac{e^{iz} - e^{-iz}}{2i} \qquad (2.36)$$

と書ける．これから実数のときに知っていた関係，例えば

$$\cos(z+2\pi) = \cos z = \cos(-z), \qquad \sin(z+2\pi) = \sin z = -\sin(-z),$$

$$\cos(z+\frac{\pi}{2}) = -\sin z, \qquad \sin(z+\frac{\pi}{2}) = \cos z,$$

$$\cos^2 z + \sin^2 z = 1$$

などはすべて一般の複素数でも正しいことがすぐにわかる（関数関係不変の原理を用いてもよい）．

問9 z が複素数のとき $|\sin z| \leqq 1$ は正しいか?

問10 複素平面における $\sin z$ の零点をすべて求めよ．

（c） 対数関数

先にベキ級数(2.14)によって円板 $|z| < 1$ における対数関数 $\log(1+z)$ を定義した．例題 2.27 により（z を $z-1$ と書き直して）$|z-1| < 1$ においては $e^{\log z} = z$ が成り立つ．そこで一般の複素数 z に対して $w = \log z$ を $z = e^w$ の逆関数として定めることを考えてみよう．

いま $z = re^{i\theta} \neq 0$ を極形式とし，$w = x+iy$ とおけば $e^w = z$ より $e^x = r$ かつ $y \equiv \theta \bmod 2\pi$．ゆえに z の対数としては無限個の値

$$\log z = \log r + i\theta + 2\pi i \times n \quad (n \in \mathbb{Z}) \qquad (2.37)$$

44——第2章 ベキ級数

が可能である.

　私たちが関数というときは，本来変数 z の値にただ1つの関数値が確定するような対応 $z \mapsto f(z)$ を意味しているのだが，上のように複数個の値が対応するようなものも関数の一種と見てこれを**多価関数**と言うことがある． $\log z$ のように値が無限個あるものは無限多価関数などと呼ぶ．なお，今後特に注意しない限り， x が正の実数のときは $\log x$ で実関数としての対数を表すことにする.

　しかし多価関数は何となく曖昧で考えにくいものである．そこで次のように定義域を制限することによって1価関数にする工夫がなされてきた．複素平面に半直線 $(-\infty, 0] = \{x \in \mathbb{R} \mid x \leqq 0\}$ の**切れめ**(cut)を入れて

$$\mathcal{D}_0 = \mathbb{C} \backslash (-\infty, 0]$$

とおく．（集合 A, B に対して $A \backslash B$ は集合 $\{x \in A \mid x \notin B\}$ を表す記号である.）このとき $z = re^{i\theta} \in \mathcal{D}_0$ に対して

$$\mathrm{Log}\, z = \log r + i\theta \qquad (z = re^{i\theta},\ -\pi < \theta < \pi) \qquad (2.38)$$

と定めれば $\mathrm{Log}\, z$ は $\mathcal{D}_0$ 上の1価連続関数になる．これを $\log z$ の**主値**(principal value)と呼ぶ．（文献によっては $0 < \theta < 2\pi$ という規約で主値を定めているものもあり，注意が必要である.）

　一般にある領域 $\mathcal{D}$ 上の（1価）連続関数 $f(z)$ が $e^{f(z)} = z$ を満たしているとき， $f(z)$ は $\mathcal{D}$ における $\log z$ の1つの**分枝**（ぶんし，branch）であるという． $\mathcal{D}$ における任意の分枝 $g(z)$ は，1つの分枝 $f(z)$ と適当な整数 n によって $g(z) = f(z) + 2n\pi i$ と表される．実際 $e^{g(z)} = e^{f(z)}$ から， $g(z) - f(z) = 2\pi i n(z)$ と書くと $n(z)$ は整数値をとる連続関数になる． $\mathcal{D}$ が弧状連結であることに注意すれば，一致の定理の証明と同様の論法で， $n(z) = n$ は定数であることが導かれる.

　例 2.42　ベキ級数による $\log(1+z)$ の定義(2.14)は円板 $|z| < 1$ で $\log 1 = 0$ を満たす分枝である．したがってこれは主値 $\mathrm{Log}\,(1+z)$ と一致する．　　□

　さて e^w は0にならないから， $\log z$ のどのような分枝も $z = 0$ を含む領域では定義されず，当然 $\mathcal{D}_0$ は0を含まない．さらに，主値を $\mathcal{D}_0$ より広い領域

§2.5 初等関数 —— 45

の分枝に拡張することはできないことがわかる. 実際, 負の実軸 $x<0$ にそって主値は不連続になっている :

$$\lim_{\varepsilon \downarrow 0} \mathrm{Log}\,(x \pm i\varepsilon) = \log|x| \pm \pi i \qquad (x<0).$$

切れめ $[-\infty, 0]$ はこちらが勝手に決めた人為的約束(日付変更線)にすぎないのに, そこで不連続性が生じるというのは考えてみるとおかしな話である. 代わりに別の半直線 $\arg z = \theta$ をとれば, 不連続性はその切れめの上で生じるだろう. この現象は, 本来 $\log z$ の異なる分枝がバラバラにあるのではなく互いに「つながっている」ことに由来している(第6章参照).

(d) 累乗関数

一般の複素数 α に対する累乗関数は $\log z$ を使って

$$z^{\alpha} = e^{\alpha \log z} = e^{\alpha(\log r + i\theta) + 2\pi i \alpha n} \qquad (r = |z|,\ \theta = \arg z)$$

によって定める. $\log z$ の多価性に応じて, z^{α} も一般に多価関数になる. 例えば $\sqrt{z} = z^{1/2}$ は n の偶奇に応じて $\pm\sqrt{r}\,e^{i\theta/2}$ の2つの値を持つ. 一般に $\alpha = q/p$ が有理数(p, q は互いに素で $p>0$)ならば z^{α} は p 価関数, 無理数ならば無限多価関数である. 特に α が整数のときに限って1価関数を表す.

問11 i^i のとりうる値をすべて挙げよ.

対数の主値から累乗関数 z^{α} の主値

$$z^{\alpha} = e^{\alpha \,\mathrm{Log}\,z} \qquad (z \in \mathcal{D}_0) \qquad\qquad (2.39)$$

が定義される. 一般に領域 $\mathcal{D}$ での対数関数の分枝 $f(z)$ に対して $e^{\alpha f(z)}$ を z^{α} の分枝と定める. ベキ級数(2.15)で定義された $|z|<1$ における $(1+z)^{\alpha}$ の分枝が主値に一致することも上と同様である.

問12 z^{α} は主値とするとき, 実数 $x<0$ に対して $\lim_{\varepsilon \downarrow 0}(x \pm i\varepsilon)^{\alpha}$ を求めよ.

46───── 第2章　ベキ級数

（e）　逆3角関数

　3角関数は指数関数で書けるので，逆3角関数も $\sqrt{}$ と $\log$ を用いて書くことができる．例えば $w=\cos z$ の逆関数 $w=\arccos z$ は(2.36)を解いて $e^{iw}=z+i\sqrt{1-z^2}$（ここに $\sqrt{1-z^2}$ は2つの分枝のどちらかを表す）．よって

$$\arccos z = -i\log\big(z+i\sqrt{1-z^2}\big).$$

同様に

$$\arcsin z = -i\log\big(iz+\sqrt{1-z^2}\big),$$

$$\arctan z = \frac{1}{2i}\log\Big(\frac{1+iz}{1-iz}\Big)$$

となり，これらはみな無限多価関数である．

《まとめ》

2.1　ベキ級数はそれぞれに固有の収束円を持つ．

2.2　収束円の内部では，微分・掛け算・代入などの操作が自由に許される．

2.3　解析関数は1点の近傍で与えられると，定義域全体で決まってしまう．

2.4　$\log z$, z^α は多価関数である．

────────── 演習問題 ──────────

2.1　次のベキ級数の収束半径を計算せよ．

(1) $\displaystyle\sum_{n=1}^{\infty}\frac{(n!)^2}{(2n)!}z^n$　　(2) $\displaystyle\sum_{n=0}^{\infty}2^n z^{2n}$　　(3) $\displaystyle\sum_{n=1}^{\infty}\frac{\log n}{n}z^n$　　(4) $\displaystyle\sum_{n=1}^{\infty}z^{n!}$

2.2　**超幾何微分方程式**

$$z(1-z)\frac{d^2y}{dz^2}+(\gamma-(\alpha+\beta+1)z)\frac{dy}{dz}-\alpha\beta y=0$$

は，定数倍を除いてただ1つの収束ベキ級数解 $y=\displaystyle\sum_{n=0}^{\infty}c_n z^n$ を持ち，それが超幾何級数(2.17)で与えられることを示せ．ただし γ は整数でないとする．

演習問題 ——— 47

2.3　合流型超幾何級数(2.18)の満たす微分方程式を求めよ.

2.4　$w = ze^{-z}$ の逆関数を $z = \sum\limits_{n=1}^{\infty} \dfrac{c_n}{n!} w^n$ とする.

(1)　$(1-z)\dfrac{dz}{dw} = \dfrac{z}{w}$ を示せ.

(2)　$c_1, \cdots, c_5$ を計算し, 一般項 c_n を推測せよ.

2.5　絶対収束級数の積の計算法(定理1.11)を用いて指数法則を証明せよ.

2.6　例題2.25の方法を微分方程式 $dy/dz = y$ に用いて, 指数法則 $e^{z+w} = e^z e^w$ を証明せよ.

2.7　$\tan z = \sin z / \cos z$ はベルヌーイ数を用いた次の展開を持つことを示せ.

$$\tan z = \sum_{n=1}^{\infty} \frac{2^{2n}(2^{2n}-1)B_{2n}}{(2n)!} z^{2n-1}.$$

2.8

(1)　$z \in \mathbb{C} \backslash (-\infty, 1]$ のとき, 主値 $\mathrm{Log}\, z$ について

$$\mathrm{Log}\,(z/(z-1)) = \mathrm{Log}\, z - \mathrm{Log}\,(z-1)$$

を示せ.

(2)　$f(z) = \mathrm{Log}\, z - \mathrm{Log}\,(z-1)$ に対して,

$$\varphi(x) = \lim_{\varepsilon \downarrow 0} \frac{1}{2\pi i}(f(x+i\varepsilon) - f(x-i\varepsilon)) \qquad (x \in \mathbb{R} \backslash \{0,1\})$$

はどんな関数になるか.

2.9　$|x| > 1$ なる実数に対して, $\arcsin x$ の実部・虚部を x で表せ.

3
複素関数の微分と積分

　これまでベキ級数だけを扱ってきたが，この章で改めて一般の複素関数とその微分積分について考えたい．複素関数の微分可能性は，見かけより深い内容を持っている．それは単なる滑らかさの条件ではなく，実部・虚部に対する微分方程式で表される．ついで複素積分を定義し，関数論で最も重要なコーシーの積分定理を解説する．

§3.1　複素変数の関数

（a）　一般の複素関数

　複素関数とは，ともかくも複素数 $x+iy$ に対して複素数の値 $u+iv$ を対応させる関数であるから

$$f(z) = u(x,y) + iv(x,y) \qquad (z = x+iy)$$

と表示されるはずである．実部 $u(x,y)$，虚部 $v(x,y)$ は実2変数の実数値関数である．

　例 3.1　$f(z) = \bar{z} = x - iy,\, f(z) = x^2 + i(x+y),\, f(z) = \sin|z|$. 　　□

　例 3.2　例えば $f(z) = x^2 + i(x+y)$ に

$$x = \frac{z+\bar{z}}{2}, \qquad y = \frac{z-\bar{z}}{2i} \tag{3.1}$$

50———第3章　複素関数の微分と積分

を代入して整理すれば

$$f(z) = \frac{1}{4}z^2 + \frac{1}{2}z\bar{z} + \frac{1}{4}\bar{z}^2 + \frac{1}{2}(i+1)z + \frac{1}{2}(i-1)\bar{z}$$

と書ける．同様にして

$$u(x,y) = \sum_{j,k=0}^{N} u_{jk}x^j y^k, \qquad v(x,y) = \sum_{j,k=0}^{N} v_{jk}x^j y^k \qquad (u_{jk}, v_{jk} \in \mathbb{R})$$

が2変数 x, y の多項式ならば，$f(z)$ は複素数を係数とする2変数の多項式 $P(X, Y)$ によって

$$f(z) = P(z, \bar{z}) = \sum_{j,k=0}^{N} a_{jk}z^j \bar{z}^k \qquad (a_{jk} \in \mathbb{C}) \qquad (3.2)$$

の形に書くことができる．すこし紛らわしいが，第2章で扱った「多項式」は $\bar{z}$ を含まない $\sum_{j=0}^{N} a_j z^j$ という特別な場合であった．　　　　　□

　複素関数の偏微分は，実部・虚部ごとに

$$\frac{\partial}{\partial x}f(z) = \frac{\partial}{\partial x}u(x,y) + i\frac{\partial}{\partial x}v(x,y), \qquad \frac{\partial}{\partial y}f(z) = \frac{\partial}{\partial y}u(x,y) + i\frac{\partial}{\partial y}v(x,y)$$

と定める．また，記号 $\dfrac{\partial}{\partial x}$ によって $f(z)$ に $\dfrac{\partial}{\partial x}f(z)$ を対応させる写像を表すことにする．$\dfrac{\partial}{\partial y}$ なども同様である．

　一般の複素関数を与えるということは，実数値2変数関数の組 $u(x,y)$, $v(x,y)$ を与えることであってそれ以上でも以下でもない．それなら改めて複素関数論などやるまでもないようだが，複素関数として微分可能な関数を扱うところに新しい内容が生じるのである．

（b）　微分記号 ∂/∂z, ∂/∂z̄

　$z = x + iy$ が決まれば $\bar{z} = x - iy$ も決まっていて，この両者は決して独立変数と言うわけではないのだが，x, y を扱うより $z, \bar{z}$ で書くほうが見通しがよくなることが多い．いまあたかも $z, \bar{z}$ が独立変数であるかのように見なして(3.1)に形式的に微分法の変数変換の公式(本シリーズ『微分と積分2』第

3章)を適用すると,

$$\frac{\partial}{\partial z} = \frac{1}{2}\left(\frac{\partial}{\partial x} - i\frac{\partial}{\partial y}\right), \qquad \frac{\partial}{\partial \bar{z}} = \frac{1}{2}\left(\frac{\partial}{\partial x} + i\frac{\partial}{\partial y}\right) \qquad (3.3)$$

が得られるだろう. そこで, この右辺をもって記号 $\partial/\partial z, \partial/\partial \bar{z}$ の定義とする. (z を固定して $\bar{z}$ で微分するとはいかなる意味か, などと考え出すとわからなくなる. 単に記号の便宜であると割り切った方が良い.) 例えば, $f(z) = u + iv$ に $\partial/\partial z, \partial/\partial \bar{z}$ を施すと

$$\begin{aligned}
\frac{\partial}{\partial z} f(z) &= \frac{1}{2}\left(\frac{\partial}{\partial x} - i\frac{\partial}{\partial y}\right)(u + iv) \\
&= \frac{1}{2}\left(\frac{\partial u}{\partial x} + \frac{\partial v}{\partial y}\right) - \frac{i}{2}\left(\frac{\partial u}{\partial y} - \frac{\partial v}{\partial x}\right), \qquad (3.4)
\end{aligned}$$

$$\begin{aligned}
\frac{\partial}{\partial \bar{z}} f(z) &= \frac{1}{2}\left(\frac{\partial}{\partial x} + i\frac{\partial}{\partial y}\right)(u + iv) \\
&= \frac{1}{2}\left(\frac{\partial u}{\partial x} - \frac{\partial v}{\partial y}\right) + \frac{i}{2}\left(\frac{\partial u}{\partial y} + \frac{\partial v}{\partial x}\right), \qquad (3.5)
\end{aligned}$$

などとなる. 特に $f(z) = z, \bar{z}$ にあてはめると

$$\frac{\partial z}{\partial z} = 1, \quad \frac{\partial \bar{z}}{\partial z} = 0, \quad \frac{\partial z}{\partial \bar{z}} = 0, \quad \frac{\partial \bar{z}}{\partial \bar{z}} = 1. \qquad (3.6)$$

したがって, (3.2)の多項式 $P(z, \bar{z})$ を微分するには $z, \bar{z}$ を独立変数と思って $\partial/\partial z, \partial/\partial \bar{z}$ を作用させればよい.

なお, 次の関係に注意しておこう.

$$\overline{\left(\frac{\partial f}{\partial z}(z)\right)} = \frac{\partial}{\partial \bar{z}}\left(\overline{f(z)}\right). \qquad (3.7)$$

§3.2　微分可能な関数

(a)　複素関数の微分とは

複素関数の微分の定義については, すでに前章で簡単に触れた. 関数 $f(z)$ がある点 z で微分可能であるというのは, h が 0 でない複素数を動きつつ 0

52——第3章 複素関数の微分と積分

に近づくとき，近づき方にはよらずに一定の極限

$$\lim_{h \to 0} \frac{f(z+h)-f(z)}{h} \tag{3.8}$$

が存在することをいうのであった．これは実変数の微分の定義において形式的に h の動く範囲を複素数にしただけで，まったく自然なものに見える．一方実部・虚部を2実変数の関数と見れば，実変数関数として微分可能という概念が別にある．この節に限って，便宜上(3.8)の意味で微分可能ということを「複素微分可能」，実関数の意味で微分可能ということを「実微分可能」ということに約束しよう．では複素関数が複素微分可能ということと，その実部・虚部が実微分可能であるということは同じことなのだろうか？

例3.3 $f(z) = \bar{z} = x - iy$ は文句なく滑らかな関数であり，実部・虚部は何回でも実微分可能である．いま $h = |h|e^{i\theta}$ と書けば

$$\frac{\overline{(z+h)} - \bar{z}}{h} = \frac{\bar{h}}{h} = e^{-2i\theta}.$$

ここで $h \to 0$ というのは定義によって $|h| \to 0$ のことを意味する．しかし θ は $|h|$ に無関係に変えることができるから，右辺は $h \to 0$ で確定した極限を持たない．ゆえに関数 $f(z) = \bar{z}$ はいかなる点でも複素微分可能ではない． □

このように簡単な関数さえ微分可能でないとすると，「複素関数としての微分可能性」は何を意味しているのだろうか？

(b) コーシー–リーマンの関係式

状況を理解するために，まず実変数の場合の微分の概念を復習してみよう．1実変数 x の実数値関数 $u(x)$ が $x = x_0$ で微分可能とは，その点の近くで $u(x)$ が近似的に1次関数で表されることを意味する．すなわち，定数 a を適当に選ぶと

$$u(x) = u(x_0) + ah + \epsilon(h, x_0) \qquad (h = x - x_0)$$

とおいたときの誤差項 $\epsilon(h, x_0)$ が h より高位の無限小となる（つまり，$h \to 0$ のときに $\epsilon(h, x_0)/h \to 0$ が成り立つ）ことを言う．このとき係数 a は

$$\lim_{h \to 0} \frac{u(x_0+h)-u(x_0)}{h} = \lim_{h \to 0}\left(a + \frac{\epsilon(h,x_0)}{h}\right) = a$$

によって定まり，これを x_0 における微分係数 $\dfrac{du}{dx}(x_0)$ というのだった．以後高位の無限小はランダウの o 記号を用いて

$$u(x) = u(x_0) + a(x-x_0) + o(|x-x_0|) \qquad (x \to x_0)$$

のように表す．

同様に，2実変数の関数 $u(x,y)$ が $x=x_0$, $y=y_0$ で微分可能とは，その点の近くで1次近似式

$$u(x,y) = u(x_0,y_0) + a(x-x_0) + b(y-y_0) + o(\sqrt{|x-x_0|^2+|y-y_0|^2})$$

が成り立つことである．このとき係数 a,b は偏微分係数によって

$$a = \frac{\partial u}{\partial x}(x_0,y_0), \quad b = \frac{\partial u}{\partial y}(x_0,y_0)$$

と表される．

まったく同様にして，$f(z)$ が $z_0 = x_0+iy_0$ において複素微分可能とは1次近似式

$$f(z) = f(z_0) + \alpha(z-z_0) + o(|z-z_0|), \qquad \alpha = \frac{df}{dz}(z_0)$$

が成り立つことと同値である．今 $\alpha = a+ib$ とおいてこの関係を実部・虚部に分けて書き下せば

$$u(x,y) = u(x_0,y_0) + a(x-x_0) - b(y-y_0) + o(\sqrt{|x-x_0|^2+|y-y_0|^2}),$$
$$v(x,y) = v(x_0,y_0) + b(x-x_0) + a(y-y_0) + o(\sqrt{|x-x_0|^2+|y-y_0|^2})$$

が得られる．これらの式は，(i) $u(x,y), v(x,y)$ がともに点 (x_0,y_0) において微分可能であり，(ii) さらにその点における偏微分係数のあいだに関係式

$$\frac{\partial u}{\partial x}(x,y) = \frac{\partial v}{\partial y}(x,y), \qquad \frac{\partial u}{\partial y}(x,y) = -\frac{\partial v}{\partial x}(x,y) \qquad (3.9)$$

が成り立つことを意味する．記号 $\partial/\partial\bar{z}$ を用いると(3.5)から(3.9)は簡潔に

$$\frac{\partial f}{\partial \bar{z}}(z) = 0 \qquad\qquad (3.10)$$

54———第3章 複素関数の微分と積分

とまとめられる. (3.9)あるいは(3.10)をコーシー–リーマンの関係式と呼ぶ. (3.9)が成り立つとき, 微分係数 df/dz は(3.4)を使えば

$$\frac{df}{dz}(z) = 2\frac{\partial u}{\partial z}(x,y) = 2i\frac{\partial v}{\partial z}(x,y) = \frac{\partial f}{\partial z}(z) \qquad (3.11)$$

と書くことができる. 上の議論を逆にたどれば, 結局つぎのことがわかる.

定理3.4 $f(z)$ が複素関数の意味で微分可能であるための必要十分条件は, その実部・虚部が実関数の意味で微分可能で, かつコーシー–リーマンの関係式(3.10)が成り立つことである. □

1点だけで微分可能という概念はあまり有用ではないので, 次の用語を設ける.

定義3.5 領域 $\mathcal{D}$ で定義された関数 $f(z)$ が正則(holomorphic)であるとは, それが C^1 級であって, 複素関数として微分可能であることをいう. □

ただし $u(x,y)$ が C^1 級であるとは, それが微分可能で偏導関数 $\partial u/\partial x$, $\partial u/\partial y$ が連続であること, また複素関数 $f(z)=u(x,y)+iv(x,y)$ が C^1 級であるとは, 実部 $u(x,y)$, 虚部 $v(x,y)$ がともに C^1 級であることを言う.

定義から, $\mathcal{D}$ 上で $f'(z)=0$ を満たす正則関数は定数に限る. 実際(3.11)より $u(x,y), v(x,y)$ の導関数がすべて 0 になるからである.

注意3.6 実は「領域の各点で(複素)微分可能」というだけの条件から C^1 級であることが導かれる. その証明は例えば, 講座現代数学の基礎「複素解析」を参照していただきたい. そのため, 伝統的には正則関数を定義する際「C^1 級」という条件をつけないのが普通である.

例題3.7 対数関数の主値(2.38)は領域 $\mathcal{D}_0 = \mathbb{C}\setminus(-\infty, 0]$ で正則である. したがって, ベキ関数 $z^\alpha = e^{\alpha\,\mathrm{Log}\,z}$ も同じ領域で正則である.

［解］ $\mathrm{Log}\,z = \log r + i\theta$ $(z = re^{i\theta})$ は $r>0$, $-\pi<\theta<\pi$ で C^1 級である. 微分法の変数変換の公式(本シリーズ『微分と積分2』)により極座標 $x = r\cos\theta$, $y = r\sin\theta$ で表すと

$$\frac{\partial}{\partial x} = \cos\theta\frac{\partial}{\partial r} - \frac{\sin\theta}{r}\frac{\partial}{\partial \theta}, \qquad \frac{\partial}{\partial y} = \sin\theta\frac{\partial}{\partial r} + \frac{\cos\theta}{r}\frac{\partial}{\partial \theta},$$

§3.2 微分可能な関数 —— 55

が成り立つ. よってコーシー–リーマンの関係式が成り立つ：

$$\frac{\partial}{\partial \bar{z}} \operatorname{Log} z = \frac{1}{2} e^{i\theta} \Big(\frac{\partial}{\partial r} + i \frac{1}{r} \frac{\partial}{\partial \theta} \Big) (\log r + i\theta) = \frac{1}{2} e^{i\theta} \Big(\frac{1}{r} + i \frac{1}{r} i \Big) = 0. \quad ∎$$

問1 極座標を使って $\dfrac{d \operatorname{Log} z}{dz} = \dfrac{1}{z}$ を示せ.

例題 3.8 ある領域で正則な多項式 $f(z) = P(z, \bar{z})$ は z だけの多項式に限ることを示せ.

[解] $P(z, \bar{z})$ を $\bar{z}$ について整理し

$$f(z) = P_0(z) + P_1(z)\bar{z} + \cdots + P_N(z)\bar{z}^N \qquad (3.12)$$

と書こう. コーシー–リーマンの関係式 (3.10) によって $N \geqq 1$ なる限り

$$P_N(z) = \frac{1}{N!} \Big(\frac{\partial}{\partial \bar{z}} \Big)^N f(z) \equiv 0.$$

したがって (3.12) においてはじめから N の代わりに $N-1$ を使うことができ, 上の論法で $P_{N-1}(z) = 0$ が言える. これを繰り返せば $P_1(z) = \cdots = P_N(z) = 0$ となって結局 $f(z) = P_0(z)$ は z だけの多項式である.

1 変数の複素関数を扱っていたはずなのに, 一般の複素関数を考えたときにいつのまにか 2 変数多項式 $P(z, \bar{z})$ が紛れ込んできた. このうち (複素) 微分可能なものが 1 変数 z だけの多項式なのである. ∎

問2 $f(z)$ が正則ならば $\overline{f(\bar{z})}$ も正則であることを示せ.

正則関数の条件が, 実部・虚部の滑らかさだけでなく微分方程式 (3.10) を要求していることを再度強調しておきたい. そのために実部・虚部は勝手な関数にはなり得ない.

問3 正則関数 $f(z) = u(x,y) + iv(x,y)$ が 2 回連続的微分可能とする (実は正則関数はつねに何回でも微分可能になるので, この仮定は必要ない). このとき実部 $u(x,y)$, 虚部 $v(x,y)$ は共に**ラプラス (Laplace) の方程式**

56─── 第3章　複素関数の微分と積分

$$\frac{\partial^2 u}{\partial x^2} + \frac{\partial^2 u}{\partial y^2} = 0$$

を満たすことを示せ.

問 4　$u(x,y) = x^n$ が正則関数の実部となるような 0 以上の整数 n と，それに対応する正則関数 $f(z)$ をすべて求めよ.

例 3.9　領域上で実数値をとる正則関数は定数に限る. 実際，虚部が恒等的に 0 とすればコーシー–リーマンの関係式(3.9)から実部 $u(x,y)$ は

$$\frac{\partial u}{\partial x}(x,y) = 0, \qquad \frac{\partial u}{\partial y}(x,y) = 0$$

を満たし，したがって定数となる.　　　　　　　　　　　　　　　　　　□

問 5　次の関数は正則か？((3)では k は実の定数，$(x,y) \neq (-1,0)$ とする.)
(1) $x^2 + iy$　　(2) $(x^2 - y^2 + 3x) + i(2xy + 3y)$　　(3) $\dfrac{x+k-iy}{x^2+y^2+2x+1}$

例題 3.10　領域 $\mathcal{D}$ 上の正則関数 $f(z)$ に対し $|f(z)| = C$ が定数ならば，実は $f(z)$ 自身が定数である.

[解]　$C = 0$ のときは明らかなので $C \neq 0$ としよう. 仮定によって

$$0 = \frac{\partial}{\partial \bar{z}} |f(z)|^2 = \frac{\partial}{\partial \bar{z}} \left(f(z)\overline{f(z)} \right) = f(z) \frac{\partial}{\partial \bar{z}} \overline{f(z)} = f(z)\overline{f'(z)}.$$

ただし(3.7)を用いた. ここで $|f(z)| = C \neq 0$ だから $f'(z) = 0$ が $\mathcal{D}$ 上で成り立つ. ゆえに $f(z)$ は定数に等しい.　　　　　　　　　　　　　　■

§3.3　複素関数の積分

実 1 変数関数 $u(x)$ の定積分は，数直線上の始点 a と終点 b を与えて区間 $a \leqq t \leqq b$ の細分をとり，区分和の極限

$$\int_a^b u(t)dt = \lim \sum_{i=0}^{N-1} u(t_i)(t_{i+1} - t_i) \qquad (a = t_0 < t_1 < \cdots < t_N = b)$$

§3.3 複素関数の積分 —— 57

として定義された. 関数 $f(t) = u(t) + iv(t)$ が複素数の値をとるときは,

$$\int_a^b f(t)\,dt = \int_a^b u(t)\,dt + i\int_a^b v(t)\,dt \qquad (3.13)$$

によってその積分を定義する.

複素関数 $f(z)$ の積分を同じ流儀で考えてみようとするときすぐに気づくのは, 平面の 1 点 $a+ib$ から他の 1 点 $c+id$ へどのように「積分」するのかがあらかじめ決まっていないことである. 初めに x 座標にそって進んだのち y 方向に進むのか, あるいはその逆に進むのか. もっと勝手に 2 点を結ぶ色々な曲線を考えることもできる. 一般の複素関数の積分は, 両端の点だけでなく積分する「道」を定めて初めて定義できるのである.

（a） 複素平面の曲線

複素平面上の曲線は,

$$C \;:\; z = z(t) = x(t) + iy(t) \qquad (a \leqq t \leqq b) \qquad (3.14)$$

と与えることができる. $x(t), y(t)$ は実変数 t の連続関数である. 正確に言えば, 私たちはパラメータ表示の仕方まで込めたもの, つまり複素数値の連続関数 $z(t)$ そのもののことを「曲線」と言う. たとえば, 軌跡としては同じ円周になるにしても, 反時計回りに 1 周する $z(t) = e^{it}$ $(0 \leqq t \leqq 2\pi)$ のと, 2 周する $z(t) = e^{it}$ $(0 \leqq t \leqq 4\pi)$, 反対向きにまわる $z(t) = e^{-it}$ $(0 \leqq t \leqq 2\pi)$ などは別の曲線として区別するのである. $z(a)$ を曲線 C の始点, $z(b)$ を終点という. 始点と終点が一致するような曲線を**閉曲線**とよぶ.

曲線 C (3.14)に対して, 向きを逆にし, $z(b)$ を始点, $z(a)$ を終点とする曲線を記号 C^{-1} によって表す. 式で書けば

$$C^{-1} \;:\; z = z(a+b-t) \qquad (a \leqq t \leqq b)$$

となる. 2 つの曲線 $C_i : z = z_i(t)$ $(a_i \leqq t \leqq b_i,\ i = 1, 2)$ において, C_1 の終点と C_2 の始点が一致しているならば(つまり $z_1(b_1) = z_2(a_2)$), はじめに C_1 で行った後に C_2 をつないだ曲線を考えることができる. これを $C_2 C_1$ で表す. すなわち

$$C_2 C_1 : z = \begin{cases} z_1(t) & (a_1 \leqq t \leqq b_1) \\ z_2(a_2 + t - b_1) & (b_1 \leqq t \leqq b_1 + b_2 - a_2) \end{cases}$$

である．いくつかの曲線をつなげたもの $C_r \cdots C_2 C_1$ もまったく同様に定められる．

注意 3.11 C^{-1} を $-C$，$C_2 C_1$ を $C_2 + C_1$ のように加法的に表示した本も多い．$C_1 C_2$ と $C_2 C_1$ では意味が違うので，ここでは乗法的に書くことにする．

応用上はあまり複雑な曲線は扱いにくいので，条件をつけて考えたい．曲線 C (3.14) が**滑らか**であるとは，$x(t), y(t)$ がともに t の関数として C^1 級であって

$$|z'(t)|^2 = |x'(t)|^2 + |y'(t)|^2 \neq 0$$

が成り立つことをいう．後の条件は曲線上の各点において接線が確定することを表す．滑らかな曲線をいくつかつなげて $C = C_r \cdots C_1$（$C_1, \cdots, C_r$ は滑らか）の形に書けるとき，C は**区分的に滑らか**であるという．今後はもっぱら区分的に滑らかな曲線のみを扱い，そのことをいちいち断らない．私たちが念頭に置いているのは，円周の一部や線分を有限個つないだ場合である（図 3.1 参照）．始点と終点の例外をのぞいて C が自分自身と交わったり重なったりしていない，すなわち $a \leqq t_1 \neq t_2 < b$ なら $z(t_1) \neq z(t_2)$ が成り立っているとき，C は**単純な曲線**であるという．

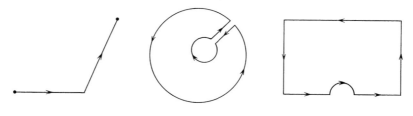

図 3.1 曲線の例

今後しばしば円周や長方形のような**単純閉曲線**を用いる．単純閉曲線の内側を左手に見るように周囲に向きをつけ，これを**正の向き**という．円周なら

§3.3 複素関数の積分 —— 59

ば反時計回りの向きのことである.

注意 3.12 単純閉曲線は平面を内側(有界な部分)と外側(有界でない部分)の
2つの領域にわける. これは一見直観的に明らかなようだが, 一般の単純閉曲線
の場合実は大変面倒な問題を含んでおり, 数学的な証明には位相幾何学の準備を
必要とする. 本書ではその問題には立ち入らず, 有限個の線分や円周の一部によ
って囲まれるような簡単な図形だけを実際に扱う. このような場合には「内部を
左手に見る向き」の意味は明らかであろう.

(b) 曲線に沿う積分

ある領域で定義された連続な関数 $f(z)$ に対して, 領域内の曲線 C に沿っ
ての積分を定義するにはどうしたらよいだろうか? 実1変数の場合と同じ
ように考えれば, 分点のとり方をどんどん細かくしていったときの区分和

$$\sum_{i=0}^{N-1} f(z(t_i))\Big(z(t_{i+1}) - z(t_i)\Big)$$

の極限として複素積分を定義するのが自然だろう. C が滑らかならば, この
極限は存在して

$$\int_C f(z)\,dz = \int_a^b f(z(t)) \frac{dz}{dt}\,dt \tag{3.15}$$

の右辺に収束することを示すことができる(右辺は実変数の積分(3.13)). し
かしここでは極限の存在証明はせず, C が滑らかなとき(3.15)を複素積分の
定義に採用してしまうことにする. また区分的に滑らかな曲線 $C = C_r \cdots C_1$
については

$$\int_C f(z)dz = \int_{C_r} f(z)dz + \cdots + \int_{C_1} f(z)dz \tag{3.16}$$

によって定義する. 曲線 C を**積分路**という. 当然だが積分の値も複素数で
ある. なお線積分の概念(本シリーズ『微分と積分2』第5章)を使えば,
(3.15)は次のように表される.

$$\int_C f(z)dz = \int_C (u\,dx - v\,dy) + i\int_C (v\,dx + u\,dy) \qquad (f(z) = u(x,y) + iv(x,y)).$$

60——— 第3章　複素関数の微分と積分

（c）　積分の基本性質

基本的ないくつかの性質を列挙しよう．いずれも定義(3.15),(3.16)から
すぐに確かめられる．

命題 3.13

$$\int_C (f(z) \pm g(z))dz = \int_C f(z)dz \pm \int_C g(z)dz,$$

$$\int_C \alpha f(z)dz = \alpha \int_C f(z)dz \qquad (\alpha \text{ は定数}),$$

$$\int_{C^{-1}} f(z)dz = -\int_C f(z)dz,$$

$$\int_{C_2 C_1} f(z)dz = \int_{C_1} f(z)dz + \int_{C_2} f(z)dz.$$

□

積分の大きさを評価するのに，次の不等式がよく使われる．

命題 3.14

$$\left| \int_C f(z)\,dz \right| \leqq \int_C |f(z)|\,|dz|. \tag{3.17}$$

ここで右辺は，C が $z = z(t)\ (a \leqq t \leqq b)$ と与えられるとき

$$\int_a^b |f(z(t))| \left| \frac{dz}{dt} \right| dt$$

を表す．

　[証明]　積分の値を極形式で表示して $\displaystyle\int_C f(z)\,dz = Re^{i\theta}$ とおく．この両辺
に $e^{-i\theta}$ を掛ければ実数になるから

$$\left| \int_C f(z)\,dz \right| = e^{-i\theta} \int_C f(z)\,dz$$

$$= \int_a^b \mathrm{Re}\left(e^{-i\theta} f(z) \frac{dz}{dt} \right) dt$$

$$\leqq \int_a^b \left| e^{-i\theta} f(z) \frac{dz}{dt} \right| dt$$

$$= \int_a^b |f(z(t))| \left| \frac{dz}{dt} \right| dt.$$

∎

§3.3 複素関数の積分——61

関数列 $\{f_n(z)\}_{n=1}^{\infty}$ が $\mathbb{C}$ の部分集合 K 上 $f(z)$ に**一様収束**するとは，

$$\sup_{z \in K} |f_n(z) - f(z)| \to 0 \qquad (n \to \infty)$$

が成り立つことをいう．積分と極限の順序交換を保証する次の事実は第4章で活用する．

命題 3.15 連続関数の列 $\{f_n(z)\}_{n=1}^{\infty}$ が曲線 C の上で一様収束していれば

$$\lim_{n \to \infty} \int_C f_n(z)\, dz = \int_C \lim_{n \to \infty} f_n(z)\, dz. \qquad (3.18)$$

［証明］ $f(z) = \lim_{n \to \infty} f_n(z)$ とおく．$f(z(t))$ は連続関数列 $f_n(z(t))$ の一様収束極限だから t について連続であり（本シリーズ『微分と積分1』第4章参照），積分が意味を持つ．命題 3.14 を用いて

$$\left| \int_C f_n(z)dz - \int_C f(z)dz \right| \leq \int_C |f_n(z) - f(z)||dz|$$

$$\leq \sup_{z \in C} |f_n(z) - f(z)| \int_C |dz|.$$

この右辺は仮定から $n \to \infty$ で 0 に収束する． ∎

内容的には同じことだが，級数の形に言い換えておこう．連続関数を項とする級数

$$f(z) = \sum_{n=0}^{\infty} u_n(z) \qquad (3.19)$$

が C 上で一様収束するとは，列 $f_N(z) = \sum_{n=0}^{N} u_n(z)$ が $N \to \infty$ で一様収束することと定める．このとき

$$\int_C f_N(z)dz = \sum_{n=0}^{N} \int_C u_n(z)dz$$

であるから，次の命題が成り立つ．

命題 3.16 級数(3.19)が C 上一様収束すれば，項別積分ができる：

$$\int_C \sum_{n=0}^{\infty} u_n(z)dz = \sum_{n=0}^{\infty} \int_C u_n(z)dz.$$

(d) 簡単な例

さて，実例を計算して複素積分の感じをつかむことにしよう．

例題 3.17 関数 $f(z) = \bar{z}$ を次の積分路に沿って積分せよ（図 3.2）．
(1) 4点 $0, a, ib, a+ib$ を頂点とする長方形の辺
(2) 原点中心，半径 r の円周

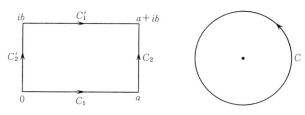

図 3.2 長方形・円周に沿う積分

[解] (1) 図のように積分路に名前をつける．このとき
$$\int_{C_1} \bar{z}\,dz = \int_0^a x\,dx, \qquad \int_{C_2} \bar{z}\,dz = \int_0^b (a-iy)\,i\,dy,$$
であるから
$$\int_{C_2 C_1} \bar{z}\,dz = \frac{a^2+b^2}{2} + iab.$$
同様にして
$$\int_{C'_1 C'_2} \bar{z}\,dz = \int_0^b (0-iy)\,i\,dy + \int_0^a (x-ib)\,dx = \frac{a^2+b^2}{2} - iab.$$
これより $C = {C'_2}^{-1} {C'_1}^{-1} C_2 C_1$ に沿う1周積分は
$$\int_C \bar{z}\,dz = 2i \cdot ab$$
で与えられる．

(2) 円周を $C : z = re^{i\theta}\ (0 \leqq \theta \leqq 2\pi)$ と表せば

$$\int_C \bar{z}\,dz = \int_0^{2\pi} re^{-i\theta} \cdot rie^{i\theta}\,d\theta$$
$$= 2\pi \cdot r^2 \cdot i = 2i \cdot \pi r^2.$$ ∎

この 2 つの例をじっと眺めると，$2i$ 倍を除いて $\bar{z}$ の積分値 ab, πr^2 はそれぞれ積分路の囲む領域の面積になっていることに気づく．その理由を次に考えてみたい．

§3.4 コーシーの積分定理

(a) グリーンの公式

一般の C^1 級の関数 $f(z)$ を例題 3.17(1) の長方形の周に沿って積分してみよう．このとき

$$\int_{C_1} f(z)\,dz = \int_0^a f(x)\,dx, \qquad \int_{C_1'} f(z)\,dz = \int_0^a f(x+ib)\,dx$$

より

$$\int_{C_1} f(z)\,dz - \int_{C_1'} f(z)\,dz = \int_0^a (f(x) - f(x+ib))\,dx$$
$$= \int_0^a \left(\int_0^b \left(-\frac{\partial}{\partial y} f(x+iy) \right) dy \right) dx.$$

同様にして

$$\int_{C_2} f(z)\,dz - \int_{C_2'} f(z)\,dz = \int_0^b (f(a+iy) - f(iy))\,idy$$
$$= \int_0^b \left(\int_0^a \left(\frac{\partial}{\partial x} f(x+iy) \right) dx \right) idy.$$

ゆえに，長方形を $\mathcal{D}$，その周囲(正の向きをつけたもの)を C で表せば

$$\int_C f(z)\,dz = \int_0^a\!\!\int_0^b \left(\frac{\partial}{\partial x} + i\frac{\partial}{\partial y} \right) f(x+iy)\,dxidy = 2i \iint_{\mathcal{D}} \frac{\partial}{\partial \bar{z}} f(z)\,dxdy$$

$$(3.20)$$

が成り立つ.

もう少し一般に，図 3.3 のようにいくつかの（例えば 3 つの）長方形 $\mathcal{D}_i$ に分割できる領域 $\mathcal{D}$ を考えよう.

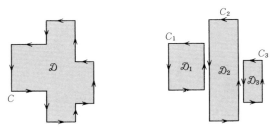

図 3.3　長方形領域の合併

明らかに
$$\iint_{\mathcal{D}} \frac{\partial}{\partial \bar{z}} f(z)\,dxdy = \sum_{i=1}^{3} \iint_{\mathcal{D}_i} \frac{\partial}{\partial \bar{z}} f(z)\,dxdy$$
である．一方小長方形の周を C_i とすれば，それらに沿った積分の和のうち，重なっている辺での積分は向きが逆だから互いに打ち消し合い，
$$\int_{C} f(z)\,dz = \sum_{i=1}^{3} \int_{C_i} f(z)\,dz.$$
この 2 つの式を見比べれば，(3.20)は長方形を合併した領域 $\mathcal{D}$ とその周囲 C についても同じように成り立っていることがわかる．

さらに一般に，有限個の単純な閉曲線によって囲まれた領域 $\mathcal{D}$ を考えよう．$\mathcal{D}$ を囲む曲線（の合併）を $\partial \mathcal{D}$ という記号で表し，$\mathcal{D}$ の境界という．これには $\mathcal{D}$ の内部を左手に見るような向きをつける．（図 3.4 のように領域には「穴」があいているかもしれない．穴の周囲の曲線の向きに注意しよう．）

上の状況において，$\mathcal{D}$ を有限個の長方形の合併によってどんどん近似していけば，ついには長方形の場合と同じ形の公式が成り立つと期待してよいだろう．すなわち次の定理が成り立つ．

定理 3.18（グリーン(Green)の公式）　領域 $\mathcal{D}$ の境界 $\partial \mathcal{D}$ は区分的に滑らかな有限個の曲線からなるとし，正の向きをつける．関数 $f(z) = u(x, y) +$

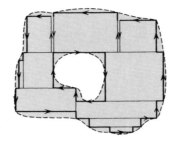

図 3.4 領域とその長方形による近似

$iv(x,y)$ は $\mathcal{D} \cup \partial\mathcal{D}$ を含む領域で C^1 級と仮定する．このとき

$$\int_{\partial\mathcal{D}} f(z)\,dz = 2i \iint_{\mathcal{D}} \frac{\partial f}{\partial \bar{z}} dxdy.$$

□

この定理でとくに $f(z) = \bar{z}$ ととれば，予期した関係が得られる：

系 3.19 同じ仮定のもとに

$$\int_{\partial\mathcal{D}} \bar{z}\,dz = 2i \times (\mathcal{D} \text{ の面積}).$$

[証明] 上のように長方形で近似するという考え方でも証明はできるが，きちんと実行するにはすこし準備が必要になる．ここでは実質的には同じ内容の，微積分におけるグリーンの公式(本シリーズ『微分と積分 2』第 5 章)に帰着できることを示すにとどめよう．

グリーンの公式 $U(x,y), V(x,y)$ が C^1 級の関数であるとき，

$$\int_{\partial\mathcal{D}} (U\,dx + V\,dy) = \iint_{\mathcal{D}} \left(-\frac{\partial U}{\partial y} + \frac{\partial V}{\partial x} \right) dxdy.$$

さて，$f(z) = u(x,y) + iv(x,y)$ ならば，

$$\int_{\partial\mathcal{D}} f(z)\,dz = \int_{\partial\mathcal{D}} (u\,dx - v\,dy) + i \int_{\partial\mathcal{D}} (u\,dy + v\,dx).$$

この右辺にグリーンの公式を適用すれば

$$\iint_{\mathcal{D}} \left(-\frac{\partial u}{\partial y} - \frac{\partial v}{\partial x} \right) dxdy + i \iint_{\mathcal{D}} \left(-\frac{\partial v}{\partial y} + \frac{\partial u}{\partial x} \right) dxdy$$

66———第3章　複素関数の微分と積分

$$= \iint_{\mathcal{D}} i\left(\frac{\partial}{\partial x} + i\frac{\partial}{\partial y}\right)(u+iv)\,dxdy$$

$$= 2i\iint_{\mathcal{D}} \frac{\partial}{\partial \bar{z}} f(z)\,dxdy.$$

∎

（b）　コーシーの積分定理

グリーンの公式を $f(z)$ が正則関数である場合にあてはめると，コーシー–リーマンの方程式から初等関数論において最も重要な次の定理が導かれる.

定理 3.20（コーシーの積分定理）　$f(z) = u(x,y) + iv(x,y)$ が $\mathcal{D} \cup \partial\mathcal{D}$ を含む領域で正則であれば

$$\int_{\partial\mathcal{D}} f(z)\,dz = 0.$$

□

伝統的な記号にならい，今後は単純閉曲線 C に沿っての積分を，1周積分するという気持ちで

$$\oint_C f(z)\,dz$$

と書くことにしよう. ただしこの記号を使うときはいつも C に正の向き（C の内部を左手に見る向き）をつけるものと約束する. C が円周のときは

$$\oint_{|z-a|=R} f(z)\,dz$$

などと書く.

コーシーの積分定理から，$f(z)$ が正則である範囲においては積分路を自由に変形してよいことがわかる（**積分路変形の原理**）. 典型的な例をあげよう.

例 3.21　ある点から別の点に至る2通りの曲線 C_1, C_2 に対して，閉曲線 $C_2^{-1}C_1$ の**内部と周囲を含む領域**で $f(z)$ が正則であるならば，

$$\int_{C_1} f(z)\,dz = \int_{C_2} f(z)\,dz. \tag{3.21}$$

□

例 3.22　$|z-c| \leqq R$ を含む領域で開円板内の1点 a を例外として正則な

関数 $f(z)$ があるとする．このとき点 a のまわりに $|z-c|<R$ に含まれるように小さい円 $|z-a|=\varepsilon$ をとれば（図 3.5）

$$\oint_{|z-c|=R} f(z)\,dz = \oint_{|z-a|=\varepsilon} f(z)\,dz.$$

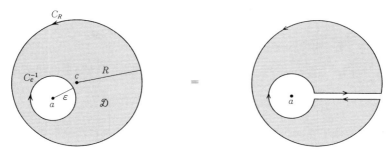

図 3.5 積分路の変形

実際，それぞれの円周（正の向き）を $C_R:|z-c|=R$, $C_\varepsilon:|z-a|=\varepsilon$ とし，図の灰色の領域を $\mathcal{D}$ とすれば，その内部を左手に見る向きをつけた境界 $\partial\mathcal{D}$ は C_R と C_ε^{-1} とからなるので

$$0 = \int_{\partial\mathcal{D}} f(z)\,dz = \oint_{|z-c|=R} f(z)\,dz - \oint_{|z-a|=\varepsilon} f(z)\,dz.$$

あるいは，右の図のように領域にいったん切れめをいれた曲線を考えてコーシーの積分定理を適用してもよい． □

積分路を変形する際には，もちろん被積分関数が「内部全体で正則」という条件が大事であって，1 点でも正則でない点があると変形は必ずしも許されなくなる．

例題 3.23 n を整数とすれば

$$\oint_{|z-a|=r} (z-a)^n\,dz = \begin{cases} 2\pi i & (n=-1\text{ のとき}) \\ 0 & (\text{それ以外のとき}) \end{cases} \tag{3.22}$$

68───── 第3章　複素関数の微分と積分

　[解]　$n \geqq 0$ ならば $(z-a)^n$ は正則関数だから，結果が0であることははじめから明らか．$n < 0$ であると $z = a$ では正則でなくなるからこの論法は使えない．$z = a + re^{i\theta}$ とおき，定義に戻って計算してみると

$$\oint_{|z-a|=r} (z-a)^n \, dz = \int_0^{2\pi} r^n e^{in\theta} rie^{i\theta} \, d\theta$$

$$= ir^{n+1} \int_0^{2\pi} e^{(n+1)i\theta} \, d\theta.$$

ここで $n+1 = 0$ ならば右辺は明らかに $2\pi i$ を与える．また $n+1 \neq 0$ ならば

$$\int_0^{2\pi} e^{(n+1)i\theta} \, d\theta = \int_0^{2\pi} \frac{1}{i(n+1)} \frac{d}{d\theta} (e^{(n+1)i\theta}) \, d\theta = 0.$$

　積分の値は半径 r によらないことに注意しよう．これは積分路変形の原理（例3.22）からあらかじめ期待されることである．　▮

（c）　積分路変形の応用

　実際には複素積分において円と直線以外の場合に曲線のパラメータ表示を正直に用いて計算を実行することはほとんどない．単純閉曲線に沿う積分は，たいていの場合
（i）　積分路の変形
（ii）　$(z-a)^n$ の積分（3.22）
を組み合わせることで計算できる．

　例題3.24　楕円 $C : x^2/4 + y^2 = 1$ に対して

$$\oint_C \frac{2z}{z^2-1} \frac{dz}{2\pi i}$$

を計算せよ．
　[解]　正直に $x = 2\cos\theta, \, y = \sin\theta$ を代入して積分しようとすると

$$\int_0^{2\pi} \frac{2(2\cos\theta + i\sin\theta)}{(2\cos\theta + i\sin\theta)^2 - 1} \times \frac{(-2\sin\theta + i\cos\theta)}{2\pi i} \, d\theta$$

となって大変複雑である．そこで，その代わりに，いま

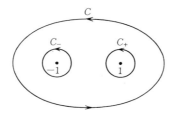

図 3.6　楕円に沿う積分

$$\frac{2z}{z^2-1} = \frac{1}{z-1} + \frac{1}{z+1}$$

と変形しておいて，$z = \pm 1$ のまわりに小さい円 $C_\pm : |z \mp 1| = \varepsilon$ を描く．被積分関数は楕円 C の内部から小円 $C_\pm$ の内部を除いた領域で正則だから，積分路を変形することができ，

$$\oint_C \frac{2z}{z^2-1} \frac{dz}{2\pi i} = \oint_{C_+} \frac{2z}{z^2-1} \frac{dz}{2\pi i} + \oint_{C_-} \frac{2z}{z^2-1} \frac{dz}{2\pi i}$$

となる．さらに $1/(z+1)$ は $z=1$ の近くで正則だから C_+ での積分には寄与しないので，(3.22)の計算を利用して

$$\oint_{C_+} \left(\frac{1}{z-1} + \frac{1}{z+1} \right) \frac{dz}{2\pi i} = \oint_{C_+} \frac{1}{z-1} \frac{dz}{2\pi i} = 1.$$

まったく同様の計算により，結局

$$\oint_C \frac{2z}{z^2-1} \frac{dz}{2\pi i} = 1+1 = 2$$

を得る．

問 6　次のそれぞれの場合について積分

$$\oint_{|z|=r} \frac{4z-3}{2z^2-3z-2} \frac{dz}{2\pi i}$$

を計算せよ：(1) $r < 1/2$, (2) $1/2 < r < 2$, (3) $r > 2$．

例題 3.25　多項式 $P(z)$ に対し，次の積分を計算せよ．

70——— 第3章　複素関数の微分と積分

$$I = \oint_C \frac{P'(z)}{P(z)} \frac{dz}{2\pi i}$$

ただし C は単純閉曲線とし，$P(z)$ は C の上で 0 にならないとする.

［解］　C の内部にある $P(z)$ の零点を $c_1, \cdots, c_r$ とする.　$P(c_1) = 0$ だから，(2.32) の後の注意により適当な自然数 n_1 をとって $P(z) = (z - c_1)^{n_1} P_1(z)$ （$P_1(z)$ は多項式で $P_1(c_1) \neq 0$）という形に書ける.　この操作を繰り返していけば，結局

$$P(z) = (z - c_1)^{n_1} \cdots (z - c_r)^{n_r} Q(z),$$

　　$Q(z)$ は多項式で C の内部および C 上では 0 にならない

という形になる.　両辺を対数微分すると

$$\frac{P'(z)}{P(z)} = \frac{n_1}{z - c_1} + \cdots + \frac{n_r}{z - c_r} + \frac{Q'(z)}{Q(z)}$$

で，最後の項は C を込めてその内部で正則である.　だから，上の例と同じように計算すれば

$$I = \sum_{j=1}^{r} \oint_C \frac{n_j}{z - c_j} \frac{dz}{2\pi i} = n_1 + \cdots + n_r.$$

すなわち，積分 I によって C の内部にある $P(z)$ の根の数が重複度を込めて勘定される.　∎

　この考え方を応用すると第 1 章で予告したつぎの事実が証明できる.

　定理 3.26（代数学の基本定理）　n 次多項式は $\mathbb{C}$ 上重複度を込めて n 個の零点を持つ.

［証明］　$P(z) = a_0 z^n + \cdots + a_n \ (a_0 \neq 0)$ を n 次多項式とし，その零点が全部で $N (\geqq 0)$ 個あるとする.　示すべきことは $N = n$ である.　いますべての零点を内部に含む十分大きい円周 $|z| = R$ をとると，上の例題から

$$\oint_{|z| = R} \frac{P'(z)}{P(z)} \frac{dz}{2\pi i} = N.$$

とくにこの値は R が十分大きい限り R にはよらない.

　他方

$$\frac{P'(z)}{P(z)} = \frac{n}{z} + \frac{Q(z)}{zP(z)}$$

とおけば，$Q(z) = zP'(z) - nP(z)$ はたかだか $n-1$ 次の多項式である．両辺を積分すれば

$$\oint_{|z|=R} \frac{P'(z)}{P(z)} \frac{dz}{2\pi i} = n + \oint_{|z|=R} \frac{Q(z)}{zP(z)} \frac{dz}{2\pi i}.$$

この第2項が $R \to \infty$ で0になることを示せば目的の式 $N = n$ が得られる．

$|z| = R$ のとき

$$|zP(z)| \geqq |a_0||z|^{n+1} - \sum_{j=1}^{n} |a_j||z|^{n-j+1} = R^{n+1}\left(|a_0| - \sum_{j=1}^{n} |a_j|R^{-j}\right),$$

また $Q(z) = \sum_{j=0}^{n-1} b_j z^{n-1-j}$ ならば

$$|Q(z)| \leqq \sum_{j=0}^{n-1} |b_j||z|^{n-1-j} = R^{n-1} \sum_{j=0}^{n-1} |b_j|R^{-j}$$

であるから，適当に $M > 0$ を選んで R が十分大きければ

$$\frac{|Q(z)|}{|zP(z)|} \leqq \frac{M}{R^2}$$

とすることができる．ゆえに

$$\left|\oint_{|z|=R} \frac{Q(z)}{zP(z)} \frac{dz}{2\pi i}\right| \leqq \int_0^{2\pi} \frac{M}{R^2} \frac{Rd\theta}{2\pi} = \frac{M}{R}$$

となって，右辺は $R \to \infty$ で0に収束する． ∎

注意 3.27 一般に $f(z)$ が C とその内部を含む領域で正則ならば，対数微分の積分 $\frac{1}{2\pi i} \int_C (f'(z)/f(z)) \, dz$ は重複度を込めて C の内部にある $f(z)$ の零点の数に等しいことが証明できる．この事実は普通**偏角の原理**(argument principle)という名で呼ばれる．

《まとめ》

3.1 複素関数としての微分可能性は，実関数としての微分可能性に加えてコーシー–リーマンの関係式を課すことを意味している．

72——— 第3章　複素関数の微分と積分

3.2 複素関数の積分は，関数が正則である限り積分路を変形しても値が変わらない．

——————— 演習問題 ———————

3.1 次の関数 $u(x,y)$ を実部とする正則関数 $f(z)$ $(z=x+iy)$ を求めよ.

(1) $u(x,y)=(x-y)(x^2+4xy+y^2)$ 　　(2) $u(x,y)=\dfrac{\sin x}{\cosh y-\cos x}$

3.2

(1) $a,b>0,\ z=a\cos\theta+ib\sin\theta$ とするとき $\mathrm{Im}\left(\dfrac{1}{z}\dfrac{dz}{d\theta}\right)$ を θ で表せ.

(2) 積分

$$I=\int_0^\pi \frac{d\theta}{a^2\cos^2\theta+b^2\sin^2\theta}$$

を求めよ.

3.3 $a,b\,(a<b)$ を実数，$f(z)$ を多項式とし，次のようにおく.

$$F(z)=\int_a^b \frac{f(t)}{t-z}dt \qquad (z\in\mathbb{C}\backslash[a,b])$$

(1) 微分と積分の順序の交換(本シリーズ『微分と積分2』第1章)を利用して，$F(z)$ は $\mathbb{C}\backslash[a,b]$ で正則であることを確かめよ.

(2) 積分路の変形を利用して，$a<x<b$ のとき極限値 $\displaystyle\lim_{\varepsilon\downarrow 0}F(x\pm i\varepsilon)$ が存在し，さらに

$$\lim_{\varepsilon\downarrow 0}(F(x+i\varepsilon)-F(x-i\varepsilon))=2\pi if(x)$$

が成り立つことを示せ.

コーシーの積分公式とその応用 4

　コーシーの積分定理ほど簡単で内容豊富な定理は数学の中でもそう多くない．この章では，コーシーの積分定理を核にして次々に導かれる正則関数の基本性質を解説する．

§4.1　コーシーの積分公式

　ベキ級数はその収束円のなかで微分可能であるから，各点でベキ級数に展開できる関数（解析関数）は正則関数である．逆に正則関数は必ず解析的であるという事実を示すのがこの節の目標である．

（a）　円板におけるコーシーの積分公式

　状況を単純にするため，しばらく円板上の正則関数を考えよう．$f(z)$ は閉円板 $\overline{D}(c;R) = \{z \mid |z-c| \leqq R\}$ を含む領域で正則とする．解析関数の場合には，円周 $|z-c| = R$ における $f(z)$ の値が決まれば，一致の定理によって円板内部での値も原理的に決まってしまう．実は一般の正則関数に対しても同じことが言える．それをあらわな表示式で与えるのがコーシーの積分公式である．

　定理 4.1（コーシーの積分公式（円の場合））　$f(z)$ が閉円板 $\overline{D}(c;R)$ を含む領域で正則であれば，円板の内部の点 z に対して

74——— 第 4 章　コーシーの積分公式とその応用

$$f(z) = \oint_{|\zeta-c|=R} \frac{f(\zeta)}{\zeta-z} \frac{d\zeta}{2\pi i} \qquad (|z-c| < R) \qquad (4.1)$$

が成り立つ．ここに積分路は正の向きをつけた円周とする．

　[証明]　円板 $D = D(c; R)$ 内に 1 点 z を固定して，ζ の関数

$$g(\zeta) = \frac{f(\zeta)}{\zeta-z}$$

を考える．これは D から点 z を除いた領域で正則なので，例 3.22 で扱った状況になっている．そこで z のまわりに十分小さい半径 ε の小円 $|\zeta-z|=\varepsilon$ を描いて積分路変形の原理を $g(\zeta)$ に適用すれば

$$\oint_{|\zeta-c|=R} \frac{f(\zeta)}{\zeta-z} \frac{d\zeta}{2\pi i} = \oint_{|\zeta-z|=\varepsilon} \frac{f(\zeta)}{\zeta-z} \frac{d\zeta}{2\pi i} \qquad (4.2)$$

を得る．左辺は ε には無関係なのだからこの値は ε に依存しない．一方右辺をパラメータ表示 $\zeta = z + \varepsilon e^{i\theta}$ で書き下すと

$$\int_0^{2\pi} \frac{f(z+\varepsilon e^{i\theta})}{\varepsilon e^{i\theta}} \frac{i\varepsilon e^{i\theta} d\theta}{2\pi i} = \int_0^{2\pi} f(z+\varepsilon e^{i\theta}) \frac{d\theta}{2\pi}.$$

したがって，極限 $\varepsilon \to 0$ へ行けば(4.2)の両辺は

$$\lim_{\varepsilon \to 0} \int_0^{2\pi} f(z+\varepsilon e^{i\theta}) \frac{d\theta}{2\pi} = \int_0^{2\pi} f(z) \frac{d\theta}{2\pi} = f(z)$$

に等しくなり公式(4.1)が得られるだろう．この極限移行が正しいことを確かめよう．極限との誤差を見積もると

$$\left| \int_0^{2\pi} \left(f(z+\varepsilon e^{i\theta}) - f(z) \right) \frac{d\theta}{2\pi} \right| \leq \int_0^{2\pi} \left| f(z+\varepsilon e^{i\theta}) - f(z) \right| \frac{d\theta}{2\pi}$$

$$\leq \sup_{|\zeta-z|=\varepsilon} |f(\zeta) - f(z)|.$$

ここで $f(\zeta)$ は $\zeta = z$ で連続だから，$\varepsilon \to 0$ のときに右辺は 0 に収束する．∎

（b）　ベキ級数展開

　コーシーの積分公式(4.1)をよく見ると，積分路は z によらないから右辺の z 依存性は $1/(\zeta-z)$ だけに入っていることに気づく．この簡単な関数を z

のベキ級数に展開することによって，一般の正則関数が定義領域の各点において解析的であることが導かれてしまう．

定理 4.2（正則関数のベキ級数展開）　閉円板 $\overline{D}(c;R)$ 上の連続関数 $f(z)$ に対して，積分公式 (4.1) が円板内の任意の点 $z \in D(c;R)$ で成り立っているものとする．このとき $f(z)$ は $|z-c| < R$ で収束ベキ級数に展開される：

$$f(z) = \sum_{n=0}^{\infty} a_n(z-c)^n,$$
$$a_n = \oint_{|\zeta-c|=R} \frac{f(\zeta)}{(\zeta-c)^{n+1}} \frac{d\zeta}{2\pi i}. \tag{4.3}$$

特に，任意の正則関数は各点で収束ベキ級数展開を持つ．

[証明]　積分公式 (4.1) において，分母を幾何級数に展開しよう．

$$\frac{1}{\zeta-z} = \frac{1}{(\zeta-c)-(z-c)}$$
$$= \frac{1}{(\zeta-c)\left(1-\dfrac{z-c}{\zeta-c}\right)}$$
$$= \frac{1}{\zeta-c} + \frac{z-c}{(\zeta-c)^2} + \frac{(z-c)^2}{(\zeta-c)^3} + \cdots.$$

ただし $|z-c| \leqq r \ (0 < r < R)$ で考える．この級数は ζ の関数として円周 $|\zeta-c|=R$ で一様収束する．実際 $|\zeta-z| \geqq |\zeta-c| - |z-c| \geqq R-r$ に注意すれば

$$\sup_{|\zeta-c|=R} \left| \sum_{n=0}^{N} \frac{(z-c)^n}{(\zeta-c)^{n+1}} - \frac{1}{\zeta-z} \right| = \sup_{|\zeta-c|=R} \left| \frac{1}{\zeta-z} \left(\frac{z-c}{\zeta-c} \right)^{N+1} \right|$$
$$\leqq \frac{1}{R-r} \left(\frac{r}{R} \right)^{N+1} \to 0 \qquad (N \to \infty).$$

このことと $|f(\zeta)|$ が $|\zeta-c|=R$ 上で有界であることを合わせれば

$$f(\zeta) \sum_{n=0}^{\infty} \frac{(z-c)^n}{(\zeta-c)^{n+1}} = \frac{f(\zeta)}{\zeta-z}$$

も $|\zeta-c|=R$ で一様収束することがわかる．ゆえに項別積分が許されて（命題 3.16），

76————第4章　コーシーの積分公式とその応用

$$\oint_{|\zeta-c|=R} \frac{f(\zeta)}{\zeta-z} \frac{d\zeta}{2\pi i} = \sum_{n=0}^{\infty} (z-c)^n \oint_{|\zeta-c|=R} \frac{f(\zeta)}{(\zeta-c)^{n+1}} \frac{d\zeta}{2\pi i}.$$

コーシーの積分公式から左辺は $f(z)$ に等しい．すなわち(4.3)が得られる．

なお証明からわかるように，(4.3)は任意の $r < R$ に対し z について $|z-c| \leqq r$ で一様に収束していることに注意しておこう．　　　　　　　　∎

第2章で見たように，収束ベキ級数は何回でも微分でき，その展開係数は $a_n = f^{(n)}(c)/n!$ で与えられる．したがって(4.3)は次のように言うこともできる．

系4.3　正則関数は何回でも微分可能であって，各点でテイラー展開

$$f(z) = \sum_{n=0}^{\infty} \frac{f^{(n)}(c)}{n!} (z-c)^n \qquad\qquad (4.4)$$

が成り立つ．　　　　　　　　　　　　　　　　　　　　　　　□

直観的に考えると，(4.1)の両辺を形式的に z について微分すれば高階微分の積分公式が得られそうに思える．それが実際正しいことを確かめておこう．

命題4.4　定理4.2の仮定のもとに

$$\frac{f^{(n)}(z)}{n!} = \oint_{|\zeta-c|=R} \frac{f(\zeta)}{(\zeta-z)^{n+1}} \frac{d\zeta}{2\pi i} \qquad (|z-c| < R). \qquad (4.5)$$

[証明]　z が円板の中心の点 c であるとき，この式は(4.3)にほかならない．一般の点 z_0 については，その点を中心とした十分小さい円板 $|z-z_0| \leqq \varepsilon$ で $f(z)$ を考えれば(4.5)において積分路を $|\zeta-z_0| = \varepsilon$ としたものが成り立つ．そこで積分路を変形して $|\zeta-c| = R$ に直せばよい．　　　　∎

（c）　コーシーの積分公式（一般の領域）

積分路変形の原理を使うと，円板より一般の領域でもコーシーの積分公式は同じ形で成り立つことが次のようにしてわかる．

第3章と同じく，有限個の互いに交わらない滑らかな単純閉曲線によって囲まれた領域を $\mathcal{D}$，その境界を $\partial\mathcal{D}$ としよう．前と同様に境界 $\partial\mathcal{D}$ には正の向きを与える．関数 $f(z)$ は $\mathcal{D} \cup \partial\mathcal{D}$ を含む領域上で正則として，いま

$\mathcal{D}$ の内部の点 z_0 を中心として周囲までこめて $\mathcal{D}$ に含まれるように閉円板 $\overline{D}(z_0;R) \subset \mathcal{D}$ を描こう.

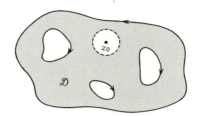

図 4.1 コーシーの積分公式
(一般の領域)

このとき $|z-z_0|<R$ ならば, 積分路を変形して
$$\int_{\partial \mathcal{D}} \frac{f(\zeta)}{(\zeta-z)^{n+1}} \frac{d\zeta}{2\pi i} = \oint_{|\zeta-z_0|=R} \frac{f(\zeta)}{(\zeta-z)^{n+1}} \frac{d\zeta}{2\pi i} \qquad (n=0,1,2,\cdots)$$
が成り立つ. そこで右辺に円の場合の結果を使えば, 結局次の結論に到達する:

定理 4.5(コーシーの積分公式(一般の場合)) 上の状況のもとに,
$$f(z) = \int_{\partial \mathcal{D}} \frac{f(\zeta)}{\zeta-z} \frac{d\zeta}{2\pi i}. \tag{4.6}$$
さらに $f(z)$ は $\mathcal{D}$ で解析的であって, その高階導関数は
$$\frac{f^{(n)}(z)}{n!} = \int_{\partial \mathcal{D}} \frac{f(\zeta)}{(\zeta-z)^{n+1}} \frac{d\zeta}{2\pi i} \tag{4.7}$$
で与えられる. □

§4.2 積分公式の最初の応用

正則関数を各点でベキ級数表示すれば, 局所的な, つまりその点の近傍での振舞いはよくわかる. 一方で級数表示は収束円の外のことは何も教えてくれない. 関数の値を積分で表示するコーシーの公式を使うと, 正則関数のより大域的な挙動について色々な事実が導かれる.

── デルタ関数 ──

ディラック(Dirac)の名著『量子力学』には，デルタ関数とよばれる次のような奇妙な「関数」$\delta(x)$ が登場する．

$$\int_{-\infty}^{\infty} \delta(x)dx = 1,$$
$$\delta(x) = 0 \quad (x \neq 0 \text{ のとき})$$

1点以外では値が0なのに，積分すると0でないなどということは普通の関数では考えられない．ディラックによると $\delta(x)$ は $x=0$ のごく近くだけに集中した値を持つ関数の一種の極限として得られ，勝手な連続関数 $f(x)$ に対して基本公式

$$\int_a^b f(y)\delta(y-x)dy = f(x) \qquad (a < x < b) \tag{1}$$

が成り立つ．

解析学の展開にともなって，次第にデルタ関数のような「一般化された関数」を考える必要に迫られるようになった．このような関数概念の拡張を合理的に取り扱う枠組みの1つとして，シュワルツ(L. Schwartz)の分布(distribution)の理論がある．

さて，読者は式(1)からコーシーの積分公式を連想するのではないだろうか．いま $f(x)$ は実解析的であるとしよう．実軸の近傍に点 x を上下にはさむような積分路 $C_{\pm}$ を図の左のようにとれば，コーシーの積分定理によって

$$-\int_{C_+} \frac{f(\zeta)}{\zeta-x}\frac{d\zeta}{2\pi i} + \int_{C_-} \frac{f(\zeta)}{\zeta-x}\frac{d\zeta}{2\pi i} = f(x)$$

が成り立つ．ここで積分路を実軸に無限に近づけていくと，仮想的な極限として実軸上の積分

$$\int_a^b f(y)\left(-\frac{1}{y-x+i0} + \frac{1}{y-x-i0}\right)\frac{dy}{2\pi i}$$

が得られるだろう(図の右)．すなわち，デルタ関数とは

$$\delta(x) = \frac{-1}{2\pi i}\left(\frac{1}{x+i0} - \frac{1}{x-i0}\right)$$

であると考えることができる．この考えを推し進めて，佐藤幹夫は正則関

数の境界値の差 $F(x+i0)-F(x-i0)$ としてシュワルツの分布より広い超関数(hyperfunction)の理論を展開した.

境界値によるデルタ関数の表示

円板におけるコーシーの積分公式(4.1)で特に $z=c$ とおいてみると, 正則関数の特徴的な性質の1つが導かれる.

命題 4.6(平均値の性質) 領域 $\mathcal{D}$ で正則な関数の各点 $c \in \mathcal{D}$ での値は, その点を中心とする円周上での値の平均値に等しい.
$$f(c) = \int_0^{2\pi} f(c+re^{i\theta})\frac{d\theta}{2\pi}.$$
ここに $r>0$ は $\overline{D}(c;r) \subset \mathcal{D}$ を満たすものとする. □

平均値の性質から, $|f(z)|$ の挙動について次の事実が従う.

命題 4.7(最大値の原理) 関数 $f(z)$ は閉円板 $\overline{D}(c;R)$ で連続かつ $D(c;R)$ で正則とする. $f(z)$ が定数でない限り, その絶対値 $|f(z)|$ は円板の内部 $|z-c|<R$ で最大値をとり得ない.

[証明] $|f(z)|$ は有界な閉領域 $\overline{D}(c;R)$ 上の実数値連続関数だからその少なくとも1点で最大になる. それを z_0 としよう:
$$|f(z)| \leqq |f(z_0)| \quad (|z-c| \leqq R). \tag{4.8}$$
ここで $|z_0-c|<R$ であるとすると, 実は $f(z)$ は定数になってしまうことを示す.

初めに $z_0=c$ の場合を考える. すると(4.8)はつねに等号でなければならない. なぜなら, 仮にある点 $z=c+re^{i\theta_0}$ ($0<r \leqq R$) で(4.8)の不等号が成り立つとすると, $|f(z)|$ の連続性から $\theta=\theta_0$ の近くで $|f(c+re^{i\theta})|<|f(c)|$. よって平均値の性質と(4.8)を合わせると

$$|f(c)| \leqq \int_0^{2\pi} |f(c+re^{i\theta})| \frac{d\theta}{2\pi} < \int_0^{2\pi} |f(c)| \frac{d\theta}{2\pi} = |f(c)|$$

となって矛盾を生じる．これより $|f(z)|$ は定数 $|f(c)|$ に等しく，したがって $f(z)$ 自身が定数である（例題 3.10）．

z_0 が一般の場合，その点を中心とする小円板においては $|f(z)|$ は中心 $z=z_0$ で最大値をとる．そこで上の結論を適用すれば，$f(z)$ は z_0 の近傍で定数である．よって一致の定理により全体で定数でなければならない． ∎

例 4.8 最大値の原理の簡単な応用として，「代数学の基本定理」（定理 3.26）を再び導いてみよう．n 次多項式 $P(z)$ が $n \geqq 1$ ならば少なくとも 1 つの零点 c を持つことを示せば十分である．なぜなら割り算 $P(z)=(z-c)P_1(z)$ による商 $P_1(z)$ に再びこの結論が適用できるから，これを繰り返せば $P(z)$ が n 個の零点を持つことが従う．そこで，仮に $P(z) \neq 0$ がすべての $z \in \mathbb{C}$ で成り立つとしよう．このとき $f(z)=1/P(z)$ は $\mathbb{C}$ 全体で正則である．また適当に $M>0$ を取れば $R>0$ が十分大きいとき評価 $|f(z)| \leqq M/R^n$ $(|z| \geqq R)$ が成り立つ（定理 3.26 の証明を参照）．一方最大値の原理により，$|z| \leqq R$ での最大値は $|z|=R$ での最大値に等しいから同じ評価は $|z| \leqq R$ でも成り立つ．ところが $n \geqq 1$ だから $R \to \infty$ のとき $M/R^n \to 0$．つまり $|f(z)|$ の $\mathbb{C}$ における最大値が 0 ということになって矛盾である． ∎

全平面 $\mathbb{C}$ で正則な関数を**整関数**という（例：多項式，e^z）．次の定理は，あとで正則関数の色々な表示を導くときに活躍する．

定理 4.9（リウビルの定理） 有界な整関数は定数に限る．

[証明] ある $M>0$ によりすべての z で $|f(z)| \leqq M$ が成り立つとしよう．$f(z)$ のテイラー展開を $\sum_{n=0}^{\infty} a_n z^n$ とすれば，(4.3) で $c=0$ とおいて

$$|a_n| \leqq \left| \oint_{|\zeta|=R} \frac{f(\zeta)}{\zeta^{n+1}} \frac{d\zeta}{2\pi i} \right|$$
$$\leqq \int_0^{2\pi} \frac{M}{R^{n+1}} \frac{R d\theta}{2\pi} = \frac{M}{R^n}$$

となる．R は何でもいいから $R \to \infty$ とすれば，$n \geqq 1$ なるかぎり $a_n=0$ で

あることがわかる. これは $f(z) = a_0$ が定数であることを意味する.

積分公式の別の応用として, 収束半径について1つ注意をしておこう.

命題 4.10 収束ベキ級数 $f(z) = \sum_{n=0}^{\infty} a_n z^n$ に対して

$$\rho' = \sup\{R > 0 \mid f(z) \text{ は円板 } |z| < R \text{ で正則な関数に拡張できる}\}$$

とおけば, ρ' は収束半径 ρ に一致する.

[証明] 収束円の中で $f(z)$ は正則だから明らかに $\rho \leqq \rho'$ である. 逆に, いま $f(z)$ が $|z| < R$ で正則に拡張できるとしよう. 少し小さい閉円板 $|z| \leqq R-\varepsilon \ (0 < \varepsilon < R)$ で $f(z)$ を考えれば, 定理 4.2 によってそのテイラー展開は $|z| < R-\varepsilon$ で収束する. よって $R-\varepsilon \leqq \rho$. $\varepsilon > 0$ はいくらでも小さくてよいから $R \leqq \rho$, ゆえに $\rho' \leqq \rho$. ∎

例 4.11 例 2.29 の関数 $f(z) = z/(e^z - 1)$ を考えよう. 分母は $z \neq \pm 2\pi i$, $\pm 4\pi i, \cdots$ で 0 にならないから $f(z)$ は $|z| < 2\pi$ で正則である. また $z \to \pm 2\pi i$ のとき $|f(z)| \to \infty$ となることはすぐにわかるから, 半径 2π より大きい円では正則になりえない. ゆえにベキ級数 (2.30) の収束半径は $\rho = \rho' = 2\pi$. □

例 4.12 $f(x) = 1/(1+x^2)$ は $\mathbb{R}$ 全体で実解析的なのに, $x = 0$ でのテイラー展開 $1 - x^2 + x^4 - x^6 + \cdots$ は $-1 < x < 1$ でしか収束しない. その理由は, $f(z)$ を複素領域で考えたとき, 分母の零点 $z = \pm i$ が邪魔をしているからである. 関数 $f(z)$ は広い領域, たとえば $|\operatorname{Im} z| < 1$ で正則であるが, 上のベキ級数表示が有効なのはその一部分 $|z| < 1$ に過ぎないことを強調しておきたい. □

§4.3 留数定理

(a) 孤立特異点

これまで主に, ある領域全体で正則な関数を考えてきた. 応用上は, いくつかの例外点を除いて正則, という状況がよく起こる. この節ではそのような場合を調べたい.

定義 4.13 領域 $\mathcal{D}$ 上の関数 $f(z)$ に対して, $c \in \mathcal{D}$ が **孤立特異点**(isolated

82——— 第4章　コーシーの積分公式とその応用

singularity)であるとは，十分小さい $r > 0$ をとるとき $0 < |z - c| < r$ で $f(z)$ が正則であることをいう． □

　言葉づかいの問題だが，この定義では特に $z = c$ で $f(z)$ が正則な場合も点 c を孤立特異点と呼ぶことに注意しておく．

　例4.14　次の関数は $z = 0$ を孤立特異点に持つ．

$$\frac{\sin z}{z}, \qquad \frac{1}{z(z^2 - 1)}, \qquad e^{1/z} = 1 + \frac{1}{z} + \frac{1}{2!}\frac{1}{z^2} + \cdots.$$
□

　例4.15　有理関数 $Q(z)/P(z)$ の分母 $P(z)$ の零点は孤立特異点である． □

　しばらく孤立特異点 c の近くでの話をするので，記法の簡単のため $c = 0$ として考える．例4.14の最後の例が示すように，孤立特異点 $z = 0$ での関数を表すには，一般に z の負ベキの級数が必要になる．

　定理4.16（ローラン展開）　$f(z)$ が $0 < |z| < R$ で正則ならば，任意の閉部分領域 $r_1 \leqq |z| \leqq r_2$ $(0 < r_1 < r_2 < R)$ で一様収束する級数

$$f(z) = \sum_{n=-\infty}^{\infty} a_n z^n \qquad (0 < |z| < R) \tag{4.9}$$

に展開できる．また係数 a_n は $f(z)$ から一意的に定まる．これを $f(z)$ の $0 < |z| < R$ における**ローラン(Laurent)展開**という．

　［証明］（一意性）　展開ができるとしよう．勝手な整数 m をとり，(4.9) の両辺に z^{-m-1} を掛けて $|z| = r$ $(0 < r < R)$ で積分する．収束の一様性から項別に積分ができるので

$$\oint_{|z|=r} f(z) z^{-m-1} \frac{dz}{2\pi i} = \sum_{n=-\infty}^{\infty} a_n \oint_{|z|=r} z^{n-m-1} \frac{dz}{2\pi i} = a_m. \tag{4.10}$$

ただし(3.22)を利用した．係数 a_m は $f(z)$ だけを用いて書けているから一意的に定まる．積分路変形の原理から(4.10)は r の値によらないことに注意しよう．

　（存在）　いま r_1, r_2 を $0 < r_1 < r_2 < R$ となるように任意にとって固定し，$r_1 \leqq |z| \leqq r_2$ で考える．さらに $0 < R_1 < r_1,\ r_2 < R_2 < R$ として図4.2の積分路にコーシーの積分公式を適用すれば

$$f(z) = \oint_{|\zeta|=R_2} \frac{f(\zeta)}{\zeta-z}\frac{d\zeta}{2\pi i} - \oint_{|\zeta|=R_1} \frac{f(\zeta)}{\zeta-z}\frac{d\zeta}{2\pi i}$$

である.

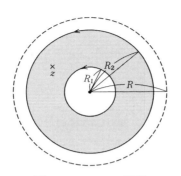

図 4.2 ローラン展開

そこで,定理 4.2 の証明と同様に被積分関数を

$$\text{第 1 項}: \quad \frac{f(\zeta)}{\zeta-z} = \frac{f(\zeta)}{\zeta\left(1-\dfrac{z}{\zeta}\right)} = \frac{f(\zeta)}{\zeta}\sum_{n=0}^{\infty}\frac{z^n}{\zeta^n}$$

$$\text{第 2 項}: \quad -\frac{f(\zeta)}{\zeta-z} = \frac{f(\zeta)}{z-\zeta} = \frac{f(\zeta)}{z}\sum_{n=0}^{\infty}\frac{\zeta^n}{z^n}$$

と展開すれば,それぞれは $|\zeta|=R_2$, $|\zeta|=R_1$ で一様収束する.よって項別積分により

$$\begin{aligned}
f(z) &= \sum_{n=0}^{\infty} z^n \oint_{|\zeta|=R_2} f(\zeta)\zeta^{-n-1}\frac{d\zeta}{2\pi i} + \sum_{n=0}^{\infty} z^{-n-1} \oint_{|\zeta|=R_1} f(\zeta)\zeta^n \frac{d\zeta}{2\pi i} \\
&= \sum_{n=0}^{\infty} a_n z^n + \sum_{n=0}^{\infty} a_{-n-1} z^{-n-1} \\
&= \sum_{n=-\infty}^{\infty} a_n z^n.
\end{aligned}$$

ただし (4.10) を使った.この展開が $r_1 \leqq |z| \leqq r_2$ で一様収束することは定理 4.2 と同様である. ∎

なお,一般の孤立特異点 $z=c$ ではローラン展開が

84——— 第 4 章　コーシーの積分公式とその応用

$$f(z) = \sum_{n=-\infty}^{\infty} a_n (z-c)^n$$

の形になることはいうまでもない.

（b）　孤立特異点の分類

ローラン展開(4.9)において，z の負のベキを含む部分

$$\sum_{n=-\infty}^{-1} a_n z^n = \cdots + \frac{a_{-2}}{z^2} + \frac{a_{-1}}{z}$$

を，$f(z)$ の孤立特異点 $z=0$ における**主要部**という.

問1　次の関数のそれぞれの孤立特異点における主要部は何か.
(1) $\dfrac{\cos z}{z^2 \sin z}$ 　$(z=0)$ 　　(2) $\dfrac{z^2}{(z^2-1)^3}$ 　$(z=1)$

ローラン展開は一意的であるから，次のいずれかただ 1 つの場合に分類される.

主要部が 0　例えば $f(z) = (\sin z)/z$ は見かけ上 $z=0$ で負のベキがありそうだが，実際は

$$f(z) = \frac{1}{z} \sum_{n=0}^{\infty} (-1)^n \frac{z^{2n+1}}{(2n+1)!} = 1 - \frac{z^2}{3!} + \frac{z^4}{5!} - \cdots$$

となって主要部は 0. すなわち $f(z)$ は $z=0$ で正則であり，ローラン展開はテイラー展開にほかならない. このとき $z=0$ は正則点である，とも言う.

主要部が有限項　ローラン展開が

$$f(z) = \frac{a_{-k}}{z^k} + \cdots + \frac{a_{-1}}{z} + a_0 + a_1 z + \cdots \qquad (k \geqq 1,\ a_{-k} \neq 0)$$

の形の場合で，このとき $z=0$ は $f(z)$ の **k 位の極**(pole)であるという.
特に 1 位の極を**単純極**(simple pole)という.

主要部が無限項　例えば

§4.3 留数定理 —— 85

$$\sin\left(\frac{1}{z}\right) = \frac{1}{z} - \frac{1}{3!}\frac{1}{z^3} + \frac{1}{5!}\frac{1}{z^5} - \cdots$$

のように無限に多くの $k \geqq 1$ に対して $a_{-k} \neq 0$ となる場合である. この とき $z = 0$ は**真性特異点**(essential singularity)であるという.

それぞれの場合, $z \to 0$ の極限で $f(z)$ はどう振る舞うだろうか? 正則 点ではもちろん極限 $\lim_{z \to 0} f(z) = f(0)$ が確定する. また k 位の極の場合, $\lim_{z \to 0} z^k f(z) = a_{-k} \neq 0$ だから $|f(z)| = |z^k f(z)|/|z|^k \to \infty$ が成り立つ. 複素平 面上に $|f(z)|$ をプロットすれば $z = 0$ に鋭いピークができるわけで, これが 「極」の名前の由来のようである. これに対して, 真性特異点では $z \to 0$ の 近づき方によって $f(z)$ は複雑な挙動をする.

問 2 $f(z) = e^{1/z}$ に対して, 次の性質をもつ数列 $z_n \to 0$ の例をそれぞれあげよ:
  (1) $|f(z_n)| \to \infty$ (2) $f(z_n) \to 0$
  (3) $\alpha \neq 0$ を与えられた複素数として $f(z_n) \to \alpha$

一般に $z = 0$ が $f(z)$ の真性特異点のときには, どんな α に対してもうまく 点列 $z_n \to 0$ を選ぶと $f(z_n) \to \alpha$ となるようにできることが知られている(岩 波講座『現代数学の基礎』「複素解析」参照). まとめると

  (i) 正則点 $\Longrightarrow$ (i)′ 極限 $\lim_{z \to 0} f(z)$ が有限確定
  (ii) 極 $\Longrightarrow$ (ii)′ $\lim_{z \to 0} |f(z)| = \infty$
  (iii) 真性特異点 $\Longrightarrow$ (iii)′ 極限 $\lim_{z \to 0} f(z)$ は存在しない

となる. 逆に例えば(iii)′ が成り立つならば(i)でも(ii)でもありえないから (iii). 同様に考えると結局(i)と(i)′, (ii)と(ii)′, (iii)と(iii)′ はみな同値であ ることがわかる.

注意 4.17 一般に関数 $f(z)$ が点 a で収束ベキ級数に展開できないとき, $z = a$ を特異点と呼ぶ. 孤立特異点は特異点であるが, そうでない特異点も存在する. たとえば $f(z) = -\mathrm{Log}\,(1-z)$ は $f'(z) = 1/(1-z)$ から明らかなように $z = 1$ で特 異点を持つが, どんなに小さい $r > 0$ をとっても $0 < |z-1| < r$ での正則関数に拡 張することはできない. これは分岐点というタイプの特異点である(第6章).

(c) 留数定理

第3章の例題3.24では，閉曲線に沿う積分を積分路の変形に帰着して計算した．この方法をもっと一般の状況で組織的に考えて見よう．関数 $f(z)$ は単純閉曲線 C の内部で有限個の孤立特異点 $c_1,\cdots,c_N$ を持つほかは C 上を含めて正則であるとする．このとき C に沿っての $f(z)$ の積分は次の手続きに従って計算することができる．

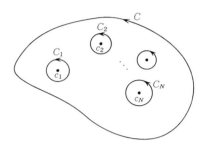

図 4.3 留数定理

Step 1 各 c_j のまわりに正の向きの小円 C_j を，内部に他の特異点が入らないように描く(図4.3)．

Step 2 積分路変形の原理から

$$\oint_C f(z)\frac{dz}{2\pi i} = \sum_{j=1}^{N} \oint_{C_j} f(z)\frac{dz}{2\pi i}.$$

Step 3 $z=c_j$ でのローラン展開を $f(z)=\sum\limits_{n=-\infty}^{\infty} a_n^{(j)}(z-c_j)^n$ とすれば

$$\oint_{C_j} f(z)\frac{dz}{2\pi i} = \sum_{n=-\infty}^{\infty} a_n^{(j)} \oint_{C_j} (z-c_j)^n \frac{dz}{2\pi i}.$$

Step 4 右辺では $n=-1$ の項 $a_{-1}^{(j)}$ のみが残るので，求める積分は $\sum\limits_{j=1}^{N} a_{-1}^{(j)}$．

こうしてみると，ローラン展開の係数のうち $a_{-1}^{(j)}$ には特別の意味があることがわかる．

定義 4.18 $f(z)$ が孤立特異点 $z=c$ でローラン展開 $\sum\limits_{n=-\infty}^{\infty} a_n(z-c)^n$ を持つとき，$1/(z-c)$ の係数 a_{-1} を c における**留数**(りゅうすう，residue)といい，

記号
$$a_{-1} = \operatorname*{Res}_{z=c} f(z)dz$$
で表す.   □

residue は（積分で生き残る）「あまり」を意味する言葉である. なお, 留数の記号は dz をつけずに $\operatorname*{Res}_{z=c} f(z)$ と書いてある文献も多い. 記号 dz をつける理由は, あとで注意 4.23 として述べる.

上の手続きをまとめると, 次の結論にいたる.

定理 4.19（留数定理） $f(z)$ は単純閉曲線 C の内部に孤立特異点 $c_1, \cdots, c_N$ を持つほかは C の内部と周をこめて正則とする. このとき

$$\oint_C f(z)\frac{dz}{2\pi i} = \sum_{j=1}^{N} \operatorname*{Res}_{z=c_j} f(z)dz. \tag{4.11}$$
□

留数は基本的には級数展開の計算という代数的な操作で求められる. それだけで積分が計算できてしまうところがこの定理のポイントである.

留数計算の実際的な手続きを述べよう. 一般に k 位の極においては $(z-c)^k f(z)$ を $a_{-k} + \cdots + a_{-1}(z-c)^{k-1} + a_0(z-c)^k + \cdots$ とベキ級数展開して両辺を $(z-c)^k$ で割ればローラン展開が求められる. 単純極の場合は簡単で, そこでの留数は

$$\operatorname*{Res}_{z=c} f(z)dz = \lim_{z \to c}(z-c)f(z).$$

特に $f(z) = h(z)/g(z)$ で $g(c)=0$, $g'(c)\neq 0$, $h(c)\neq 0$ なら c は単純極であって留数は $h(c)/g'(c)$ となる. k 位の極においては

$$\operatorname*{Res}_{z=c} f(z)dz = \frac{1}{(k-1)!}\frac{d^{k-1}}{dz^{k-1}}(z-c)^k f(z)\Big|_{z=c}$$

と書ける. 実際には高階の微分を計算するより展開を実行した方が早いことも多い.

例 4.20 $f(z) = 1/(z^n-1)$. 極は $z = \omega^k$ $(\omega = e^{2\pi i/n}, k = 0, 1, \cdots, n-1)$ ですべて単純であり, $(z^n-1)' = nz^{n-1}$ より留数は

$$\lim_{z \to \omega^k}(z-\omega^k)f(z) = \lim_{z \to \omega^k}\frac{1}{nz^{n-1}} = \frac{\omega^k}{n}.$$
□

88———第4章　コーシーの積分公式とその応用

例 4. 21　$f(z) = 1/(z \sin z)$. $z = 0$ は2位の極で，そこでのローラン展開
は

$$f(z) = \frac{1}{z \cdot z \left(1 - \dfrac{z^2}{3!} + \dfrac{z^4}{5!} - \cdots\right)} = \frac{1}{z^2}\left(1 + \frac{z^2}{3!} + \cdots\right) = \frac{1}{z^2} + \frac{1}{6} + \cdots.$$

したがって $1/z$ の係数を見て $\operatorname*{Res}_{z=0} f(z) dz = 0$. もっとも $f(z)$ は偶関数だか
ら，留数が0であることははじめから明らかだった. 　　　　　　　□

例題 4. 22　$f(z) = \pi \cot \pi z$ の極と留数をすべて求めよ.

[解]　極は $\sin \pi z$ の零点 $z = 0, \pm 1, \pm 2, \cdots$. $z = 0$ においては

$$\frac{\sin \pi z}{\pi z} = 1 - \frac{\pi^2 z^2}{3!} + \frac{\pi^4 z^4}{5!} - \cdots$$

は正則であるから

$$f(z) = \frac{\pi}{\pi z} \frac{\cos \pi z}{1 - \dfrac{\pi^2 z^2}{3!} + \cdots} = \frac{1}{z} + \cdots$$

は単純極をもつ. $f(z+1) = f(z)$ であるから，結局任意の整数 n について
$z = n$ は単純極であり，そこで

$$f(z) = \frac{1}{z - n} + g(z), \qquad g(z) \text{ は } z = n \text{ で正則}$$

という挙動を示す. 特に $\operatorname*{Res}_{z=n} f(z) dz = 1$. 　　　　　　　　■

問3　次の関数の極と留数をすべて求めよ.
(1) $z/(e^z - 1)$　　(2) $1/\sin^2 z$

注意 4. 23　例えば $f(z) = 1/(8z^2 - 2z - 1)$ の $z = 1/2$ での展開を求めるとき，
$\zeta = 2z - 1$ とおいて

$$f(z) = \frac{1}{(2z-1)(4z+1)} = \frac{1}{\zeta(2\zeta+3)} = \frac{1}{3\zeta} - \frac{2}{9} + \frac{4}{27}\zeta + \cdots$$

したがって留数は $1/3$，と速断してはいけない（$(z-1/2)^{-1}$ の係数をとって $1/6$ が

正解). このような混乱が生じる原因は, 変数変換 $z = k\zeta$ $(k \neq 0)$ によってローラン展開(4.9)の形が

$$f(z) = f(k\zeta) = \sum_{n=-\infty}^{\infty} k^n a_n \zeta^n$$

と変わってしまうことにある. しかし $dz = k\,d\zeta$ までを込めて考えると

$$f(z)dz = f(k\zeta)k\,d\zeta = \sum_{n=-\infty}^{\infty} k^{n+1} a_n \zeta^n d\zeta$$

の $n = -1$ の係数だけは a_{-1} で元の係数と変わらない. 一般に $z = \varphi(\zeta) = b_1\zeta + b_2\zeta^2 + \cdots$ $(b_1 \neq 0)$ と変換しても

$$f(z)dz = f(\varphi(\zeta))\frac{d\varphi}{d\zeta}(\zeta)d\zeta$$

を ζ で展開したとき $d\zeta/\zeta$ の係数はつねに a_{-1} に一致することが言える. (留数定理から考えれば, 変数変換で積分の値は変わらないから当然といえるが.) 留数は関数 $f(z)$ というより $f(z)dz$ というシンボル(微分形式)に対して定まると見る方が合理的なのである. dz をつけておけばどの変数を用いて計算しているかを気にせずにすむという実際的な利点もある.

§4.4　定積分の計算

実関数の定積分を積分路の変形や留数の計算に帰着してできることがある. 有名な例をいくつかあげよう. このシリーズの『微分と積分1,2』での取り扱いと比較してみると面白いだろう.

例題4.24　次の積分を確かめよ.

$$\int_0^\infty \frac{dx}{1+x^4} = \frac{\pi}{2\sqrt{2}}.$$

［解］　図4.4のような十分大きい半径 R の半円に沿って $f(z) = 1/(1+z^4)$ を積分する.

$f(z)$ の極は $z = \omega^{\pm 1}, -\omega^{\pm 1}$ $(\omega = e^{\pi i/4})$ である. このうち上半平面にあるものをとれば, 留数定理により

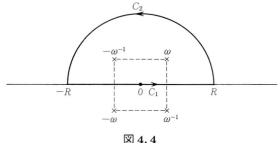

図 4.4

$$\int_{C_1} f(z)\frac{dz}{2\pi i} + \int_{C_2} f(z)\frac{dz}{2\pi i} = \operatorname*{Res}_{z=\omega} f(z)dz + \operatorname*{Res}_{z=-\omega^{-1}} f(z)dz.$$

ここで $f(z)$ は偶関数だから，$R \to \infty$ の極限で

$$\int_{C_1} f(z)\frac{dz}{2\pi i} = \frac{1}{\pi i}\int_0^R \frac{dx}{1+x^4} \to \frac{1}{\pi i}\int_0^\infty \frac{dx}{1+x^4}.$$

また C_2 において $z = Re^{i\theta}$ とおけば，$|z^4+1| \geqq |z|^4 - 1$ だから

$$\left|\int_{C_2} f(z)dz\right| \leqq \int_{C_2} |f(z)||dz| \leqq \int_0^\pi \frac{R}{R^4-1}d\theta \to 0 \qquad (R \to \infty).$$

他方，留数を計算すれば $\omega^4 = -1$ より

$$\operatorname*{Res}_{z=\omega} f(z)dz = \lim_{z \to \omega}\frac{z-\omega}{z^4+1} = \frac{1}{4\omega^3} = -\frac{\omega}{4}.$$

同様に $\operatorname*{Res}_{z=-\omega^{-1}} f(z)dz = \omega^{-1}/4$ を得る．以上をまとめれば

$$\int_0^\infty \frac{dx}{1+x^4} = \pi i\left(-\frac{\omega}{4} + \frac{\omega^{-1}}{4}\right) = \frac{\pi}{2\sqrt{2}}.$$

このように，定積分の計算は積分路をつけ加えて閉曲線にし，適当な極限でつけくわえた積分路の寄与が消えるようにするのが典型的な方法である．

例題 4.25 次の積分を確かめよ．

$$\int_0^\infty \frac{\sin x}{x}\,dx = \frac{\pi}{2}.$$

§4.4 定積分の計算 —— 91

[解] いきなり $\sin z/z$ の積分を考えても，極限でその寄与が消えるような積分路を見つけるのは難しい．まず $\sin z = (e^{iz} - e^{-iz})/(2i)$ により，求める積分を

$$\lim_{\substack{R\to\infty\\ \varepsilon\to 0}} \frac{1}{2i} \int_\varepsilon^R \frac{e^{ix} - e^{-ix}}{x} dx = \lim_{\substack{R\to\infty\\ \varepsilon\to 0}} \frac{1}{2i} \left(\int_\varepsilon^R \frac{e^{ix}}{x} dx + \int_{-R}^{-\varepsilon} \frac{e^{ix}}{x} dx \right)$$

と変形する．e^{iz} は $\mathrm{Im}\, z$ が大きいとき急速に減少するから，上半平面に余分な積分路をつけ加えてもその寄与は小さいと期待される．そこで図のような長方形に沿って e^{iz}/z を積分する．ただし $R' > R$ とし，$z = 0$ の極を避けるため，そこでは小円を描いて上半平面に逃げている（図 4.5）．

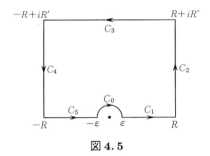

図 4.5

$f(z) = e^{iz}/z$ はこの積分路の内部で正則だから

$$\int_{C_0} f(z)\, dz + \cdots + \int_{C_5} f(z)\, dz = 0.$$

まず欲しい積分は

$$\int_{C_5} f(z)\, dz + \int_{C_1} f(z)\, dz = \int_{-R}^{-\varepsilon} \frac{e^{ix}}{x} dx + \int_\varepsilon^R \frac{e^{ix}}{x} dx$$

から $R \to \infty,\ \varepsilon \to 0$ の極限で得られる．

次に小半円の積分は $\varepsilon \to 0$ の極限で

$$\int_{C_0} f(z)\, dz = \int_\pi^0 \frac{e^{i\varepsilon e^{i\theta}}}{\varepsilon e^{i\theta}} i\varepsilon e^{i\theta} d\theta = -i \int_0^\pi e^{i\varepsilon e^{i\theta}} d\theta \to -i\pi$$

となる．（これは $z = 0$ での留数のいわば「半分」である．）

最後に C_2, C_3, C_4 は寄与がなくなることを確かめよう．実際

$$\left|\int_{C_2} f(z)\,dz\right| = \left|\int_0^{R'} e^{i(R+iy)} \frac{dy}{R+iy}\right| \leqq \int_0^{R'} e^{-y} \frac{dy}{R} = \frac{1}{R}(1-e^{-R'}).$$

C_4 も同様．また

$$\left|\int_{C_3} f(z)\,dz\right| = \left|\int_R^{-R} e^{i(x+iR')} \frac{dx}{x+iR'}\right| \leqq e^{-R'} \int_{-R}^{R} \frac{dx}{R'-|x|} \leqq 2e^{-R'} \frac{R}{R'-R}.$$

よってまず $R' \to \infty$，ついで $R \to \infty$ とすればこれらは 0 になる．

以上を整理すれば答を得る． ∎

次の例は，累乗関数の主値の不連続性を利用した計算である．

例題 4.26 次の積分を確かめよ．

$$\int_0^\infty \frac{x^{\alpha-1}}{1+x} dx = \frac{\pi}{\sin \pi\alpha} \qquad (0<\alpha<1).$$

［解］ $f(z) = (-z)^{\alpha-1}/(1+z)$ を図 4.6 の積分路で積分する．ここで $(-z)^{\alpha-1}$ の分枝は主値 $e^{(\alpha-1)\mathrm{Log}(-z)}$ を選ぶ．特に C_1, C_3 上ではそれぞれ $(e^{-\pi i}z)^{\alpha-1}, (e^{\pi i}z)^{\alpha-1}$ $(z>0)$ となる．

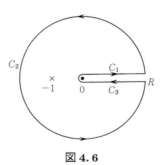

図 4.6

留数定理から

$$\int_0^R \frac{e^{-\pi i(\alpha-1)} x^{\alpha-1}}{1+x}\,dx - \int_0^R \frac{e^{\pi i(\alpha-1)} x^{\alpha-1}}{1+x}\,dx + \int_{C_2} f(z)\,dz$$
$$= 2\pi i \operatorname*{Res}_{z=-1} f(z)dz = 2\pi i.$$

ここで C_2 に沿う積分を評価すると，$0 < \alpha < 1$ に注意すれば

$$\left| \int_{C_2} f(z)\, dz \right| \leqq \int_0^{2\pi} \frac{|Re^{-\pi i + i\theta}|^{\alpha - 1}}{R - 1} R d\theta = \frac{R^\alpha}{R - 1} \times 2\pi$$

だから $R \to \infty$ でこれは 0 になる．よってこの極限で

$$2i \sin \pi \alpha \int_0^\infty \frac{x^{\alpha - 1}}{1 + x}\, dx = 2\pi i$$

となって求める結果を得る．∎

§4.5 無限遠点とリーマン球面

（a） 無限遠点の導入

これまで表立って扱うことがなかったが，$z \to \infty$ とはどういう意味と考えるべきであろうか．実数では $x \to \pm\infty$ の区別があったが，複素数ではあらゆる方向，あらゆる近づき方で $|z| \to \infty$ となることが可能である．複素関数の微分においては，極限を考える際にあらゆる近づき方を許す（つまり，$z \to a$ とは $|z - a| \to 0$ なることと定義した）ところに豊富な内容が生じるのだった．そこで，複素平面に新たに理想的な 1 点 ∞ をつけ加え，「$z \to \infty$」が $|z| \to \infty$ を意味するように工夫をする．

単位球面を赤道を通る平面で切って，後者を複素平面とみなそう（図 4.7）．ただし球の中心を原点 $z = 0$ にとる．$\mathbb{C}$ の任意の点 $z = x + iy$ と，球面上の南極 S を直線で結ぶと，それは球面上のもう 1 点 $P = (X, Y, Z)$ と交わる．この方法で $\mathbb{C}$ の点と球面の南極以外の点とは 1 対 1 に対応する．この対応を式で表せば

$$X = \frac{2x}{1 + |z|^2}, \quad Y = \frac{2y}{1 + |z|^2}, \quad Z = \frac{1 - |z|^2}{1 + |z|^2}. \tag{4.12}$$

また逆に

$$x = \frac{X}{1 + Z}, \qquad y = \frac{Y}{1 + Z} \qquad (X^2 + Y^2 + Z^2 = 1)$$

となる（図 4.7）．対応 (4.12) により上半球が $|z| < 1$ に，下半球が $|z| > 1$ に

対応する．ここで $|z| \to \infty$ とすれば $P = (X, Y, Z)$ は例外の点 $S = (0, 0, -1)$ に近づく．そこで点 S を**無限遠点**(point at infinity，記号 ∞) と呼ぼう．上の対応によって $\mathbb{C}$ を球面の部分集合とみなし，この球面を**リーマン球面** (Riemann sphere) と呼んで $\mathbb{P}^1 = \mathbb{C} \cup \{\infty\}$ と表す．

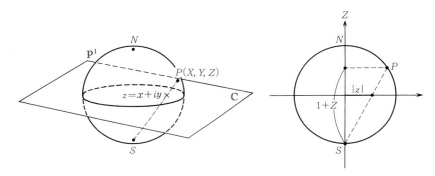

図 4.7　リーマン球面

問 4　北極と $P = (X, Y, Z)$ を結ぶことにより対応する $\mathbb{C}$ の点を $z^* = x^* + iy^*$ で表すと，(4.12)の $z = x + iy$ とは $\bar{z}z^* = 1$ という関係があることを確かめよ．

例題 1.4 によって，複素平面上の一般の円または直線は 1 つの方程式
$$az\bar{z} + \bar{\beta}z + \beta\bar{z} + c = 0 \quad (a, c \in \mathbb{R},\ \beta \in \mathbb{C},\ |\beta|^2 - ac \geqq 0) \quad (4.13)$$
で表された．リーマン球面の座標(4.12)で見ると，これは空間内の平面
$$pX + qY + (c-a)Z + (c+a) = 0 \quad \left(\beta = \frac{p+iq}{2}\right) \quad (4.14)$$
と球面 $X^2 + Y^2 + Z^2 = 1$ の交わりが表す円になる．$|\beta|^2 - ac \geqq 0$ は平面(4.14)と球面が空でない交わりを持つことを保証する条件である．この立場から見ると複素平面上の円と直線は区別しないほうがすっきりするので，今後は両者を単に「円」と呼ぶ．特に $a = 0$ は(4.14)が無限遠点 $(X, Y, Z) = (0, 0, -1)$ を通ることと同値である．つまり複素平面の直線とは無限遠点を通る円である，ということができる．

§4.5 無限遠点とリーマン球面 —— 95

問5 (4.14)を確かめよ.

注意 4.27 ∞ は数ではなく, 普通の意味での加減乗除は定義できない. 例えばどんな複素数 α についても $z \to \infty$ のとき $z + \alpha \to \infty$ だから $\infty = \infty + \alpha$ と定めるのが妥当だが, これでは四則演算の規則が破れてしまうからである. ただし lim と適合するように便宜上

$$\infty + \alpha = \alpha + \infty = \infty, \ \infty\beta = \beta\infty = \infty \ (\beta \neq 0), \ \frac{\alpha}{\infty} = 0, \ \frac{\beta}{0} = \infty \ (\beta \neq 0)$$

と約束することもある.

(b) 無限遠点での座標

∞ の近くでの様子を見るには, $w = 1/z$ という変数に移ると分かりやすい. $|z| \geq 1$ は $|w| \leq 1$ に, $z = \infty$ は $w = 0$ にそれぞれ対応する. ただし円周 $z = re^{i\theta}$ は $w = r^{-1}e^{-i\theta}$ にうつって向きが逆転するので注意が必要である. $w = 1/z$ を $\mathbb{P}^1$ の ∞ における座標という. ∞ の近傍とは w 平面の $w = 0$ の近傍であると決めれば, リーマン球面における領域などの概念が複素平面と同じようにして定められる. ここではこれ以上立ち入らないが, $\mathbb{P}^1, \mathbb{C}$ のどちらで考えているか誤解がないように, $\mathbb{C}$ の領域 $\{z \in \mathbb{C} \mid |z| > R\}$ は $R < |z| < \infty$ と表すことにする.

いま $R < |z| < \infty$ で正則な関数 $f(z)$ があれば, $f(1/w)$ は $0 < |w| < 1/R$ で正則だから $w = 0$ は孤立特異点である. そこで, $z = \infty$ が $f(z)$ の正則点(極, 真性特異点)であるとは $w = 0$ が $f(1/w)$ の正則点(極, 真性特異点)であることと定める. $\lim_{z \to \infty} f(z) = f(\infty)$ が存在して有限であれば正則点, $\lim_{z \to \infty} f(z) = \infty$ ならば極, 極限が確定しなければ真性特異点である.

例 4.28 $f(z) = (z-1)/(z+1)$ は $z = \infty$ で正則で $f(\infty) = 1$. よって $g(z) = \mathrm{Log}\,((z-1)/(z+1))$ も $z = \infty$ で正則で $g(\infty) = 0$. □

例 4.29 n 次多項式 $P(z) = a_0 z^n + \cdots + a_n \ (a_0 \neq 0)$ は, $z = \infty$ で n 位の極を持つ. □

例 4.30 $z = \infty$ は $\sin z, e^z$ など多項式でない整関数の真性特異点. □

96——— 第4章　コーシーの積分公式とその応用

（c）　無限遠点での留数

すでに述べたように，留数は $f(z)dz$ に対して定まる概念と見た方が合理的であった．そこで $z=\infty$ での留数をつぎのように定義する：

$$\operatorname*{Res}_{z=\infty} f(z)dz = \operatorname*{Res}_{w=0} f\left(\frac{1}{w}\right) d\left(\frac{1}{w}\right) = -\operatorname*{Res}_{w=0} f\left(\frac{1}{w}\right)\frac{dw}{w^2}. \quad (4.15)$$

これは**関数 $f(1/w)$ の $w=0$ での留数ではない**ことに注意しよう．

例 4.31　$f(z)=1/z$ は $z=\infty$ で正則だが，$f(z)dz$ は留数を持つ：

$$\operatorname*{Res}_{z=\infty}\frac{dz}{z} = \operatorname*{Res}_{w=0} w\,d\left(\frac{1}{w}\right) = -\operatorname*{Res}_{w=0}\frac{dw}{w} = -1. \qquad\square$$

一般に $f(z)$ が $R<|z|<\infty$ で $\sum\limits_{n=-\infty}^{\infty} a_n z^n$ とローラン展開されているならば，$0<r<1/R$ として

$$\operatorname*{Res}_{z=\infty} f(z)dz = \oint_{|w|=r} f\left(\frac{1}{w}\right)\frac{-dw}{2\pi i w^2}$$

$$= -\sum_{n=-\infty}^{\infty} a_n \oint_{|w|=r} w^{-n-2}\frac{dw}{2\pi i} = -a_{-1}.$$

すなわち $-a_{-1}$ が $z=\infty$ での留数を与える（符号に注意）．a_{-1} は $f(z)$ を z 座標で正の向きに積分して得られるから，この結果は $r'=1/r$ として

$$\oint_{|z|=r'} f(z)\frac{dz}{2\pi i} = -\operatorname*{Res}_{z=\infty} f(z)\,dz \qquad (R<r'<\infty) \qquad (4.16)$$

と書くことができる．

なお $z=\infty$ での主要部は $\sum\limits_{n=1}^{\infty} a_n z^n$ と定める．

例 4.32　$z\to\infty$ のとき

$$\frac{z^4+10z^2+9}{z^2-z+2} = z^2\frac{1+\dfrac{10}{z^2}+\dfrac{9}{z^4}}{1-\dfrac{1}{z}+\dfrac{2}{z^2}}$$

$$= z^2 + z + 9 + \frac{7}{z} + \cdots.$$

よって $z=\infty$ での主要部は z^2+z, 留数は -7 である.　　　　□

§4.6　有理関数

　有理関数(rational function)$f(z) = Q(z)/P(z)$ は多項式の比であるから, $\mathbb{C}$ 上有限個の極を除いて正則である. さらに $f(1/w)$ も w の多項式の比で書けるから, $z=\infty$ も $f(z)$ の正則点または極であることがわかる.

> **問 6**　$P(z)$ が m 次, $Q(z)$ が n 次ならば, $z=\infty$ は $n \leqq m$ のとき $Q(z)/P(z)$ の正則点, $n > m$ のとき $n-m$ 位の極であることを示せ.

　一般に関数 $f(z)$ が領域 $\mathcal{D}$ で(有限個または無限個の)極を除いて正則であるとき, $f(z)$ は $\mathcal{D}$ で**有理型**(meromorphic)であるという.「有理型関数」を「有理関数」と混同しないように注意したい. 例えば $1/\sin z$ は有理関数ではないが, $\mathbb{C}$ 上有理型である. 上に述べたように, 有理関数はリーマン球面 $\mathbb{P}^1$ 上で有理型になる. 実は, 逆に $\mathbb{P}^1$ 全体で有理型な関数は有理関数に限ることが知られている. 有理関数は極に注目するとその本質がよく理解できることをこの節で述べる.

（a）　部分分数分解

　有理関数の不定積分を計算するには, たとえば

$$\frac{z^4 + 3z - 1}{(z-1)^2(z+2)} = \frac{A}{(z-1)^2} + \frac{B}{z-1} + \frac{C}{z+2} + D + Ez \quad (4.17)$$

のように書き直すことができればよい($A, \cdots, E$ は複素定数). 右辺の各項の不定積分は有理関数または $\log$ を用いて簡単にできるからである(本シリーズ『微分と積分1』第3章). このように与えられた有理関数を $1/(z-c)^n$ や z^n の形の1次結合で表すことを, **部分分数分解**(partial fraction decomposition)

98———第4章　コーシーの積分公式とその応用

という．どんな有理関数 $f(z) = Q(z)/P(z)$ も必ず部分分数に分解できることを以下に示したい．

いま $f(z)$ の $\mathbb{C}$ における極を $c_1, \cdots, c_N$，そこでの主要部を

$$f_j(z) = \frac{a_{-k_j}^{(j)}}{(z-c_j)^{k_j}} + \cdots + \frac{a_{-1}^{(j)}}{z-c_j} \qquad (k_j \geqq 1)$$

としよう．もし分子 $Q(z)$ が分母 $P(z)$ より高次なら $z = \infty$ も極になる．その主要部を

$$f_\infty(z) = a_k z^k + \cdots + a_1 z$$

とする（∞ が正則点なら $f_\infty(z) = 0$ とおく）．主要部を集めて $f(z)$ と比較してみよう．

$$g(z) = f(z) - \sum_{j=1}^N f_j(z) - f_\infty(z)$$

とおけば，$g(z)$ は $\mathbb{C}$ 上極を持たない．実際，主要部の定義から $f(z) - f_j(z)$ は $z = c_j$ で正則，また他の項 $f_l(z)$ $(l \neq j)$，$f_\infty(z)$ もそこで正則だからである．さらに $z \to \infty$ のとき $f(z) - f_\infty(z)$ は有界，また $f_j(z) \to 0$ であるから $g(z)$ も有界．ゆえにリウビルの定理によって $g(z) = C$ は定数である．すなわち

$$\frac{Q(z)}{P(z)} = \sum_{j=1}^n f_j(z) + f_\infty(z) + C \tag{4.18}$$

が得られる．これは部分分数分解にほかならない．こうして，部分分数分解の意味はおのおのの極における主要部への分解であることが明らかになった．この手続きはまた分解を求める実際的な方法にもなっている．

例4.33　(4.17)の左辺を $f(z)$ とすれば，これは $z = 1, -2, \infty$ に極をもつ．$z = 1$ において $(z-1)^2 f(z) = 1 + 2(z-1) + \cdots$ から，両辺の主要部を比べて

$$\frac{1}{(z-1)^2} + \frac{2}{z-1} = \frac{A}{(z-1)^2} + \frac{B}{z-1} \Longrightarrow A = 1,\, B = 2.$$

$z = -2$ では留数を比べれば

$$\operatorname*{Res}_{z=-2} f(z)dz = \lim_{z \to -2}(z+2)f(z) = 1 = C.$$

同様に $z = \infty$ での主要部を計算して $f(z) = z + 0 + (z^{-1}$ 以下の項) から $E =$

§4.6　有理関数——99

$1, D = 0$ を得る．これをまとめれば

$$f(z) = \frac{1}{(z-1)^2} + \frac{2}{z-1} + \frac{1}{z+2} + z.$$

両辺の分母を払って $A, \cdots, E$ を決める方法と比べてみるとよい．　□

（b）　有理関数の留数

前節の記号をそのまま用いる．極 c_j をすべて内部に含む十分大きい円 $|z| = R$ を考えよう．このとき留数定理により

$$\oint_{|z|=R} f(z)\frac{dz}{2\pi i} = \sum_{j=1}^{N} \operatorname*{Res}_{z=c_j} f(z)dz.$$

ところが（4.16）と比べると，この左辺は $z = \infty$ での留数の符号を変えたものに等しい．ゆえに次の関係式があることがわかった．

命題4.34　有理関数 $f(z)$ の $\mathbb{P}^1$ 上にある極の留数の和は 0 に等しい：

$$\sum_{\alpha = c_1, \cdots, c_N, \infty} \operatorname*{Res}_{z=\alpha} f(z)dz = 0.$$

　□

この事実は ∞ での留数の定義から一見トートロジーのような気がするかも知れないが，有理関数を統制する大事な法則である．

例題4.35　a, b, c, d が相異なるとき次の等式を示せ：

$$\frac{bcd}{(a-b)(a-c)(a-d)} + \frac{acd}{(b-a)(b-c)(b-d)}$$
$$+ \frac{abd}{(c-a)(c-b)(c-d)} + \frac{abc}{(d-a)(d-b)(d-c)} = -1. \quad (4.19)$$

[解]　直接通分すると面倒である．かわりにいま

$$f(z) = \frac{abcd}{(z-a)(z-b)(z-c)(z-d)}\frac{1}{z}$$

とおけば，（4.19）の左辺は

$$\operatorname*{Res}_{z=a} f(z)dz = \frac{bcd}{(a-b)(a-c)(a-d)}$$

100────第 4 章 コーシーの積分公式とその応用

などの和になる. そこで命題 4.34 を用いれば, 求める和は

$$\sum_{\alpha=a,b,c,d} \operatorname*{Res}_{z=\alpha} f(z)dz = -\operatorname*{Res}_{z=0} f(z)dz - \operatorname*{Res}_{z=\infty} f(z)dz = -1-0 = -1$$

と簡単に計算することができる. ∎

(c) 1 次分数変換

有理関数の極 $z=c$ においては, $z \to c$ のとき近づき方によらずに極限 $\lim f(z) = \infty$ が確定する. そこで $f(c)=\infty$ と定めれば, $\mathbb{P}^1$ の各点 z に対して $\mathbb{P}^1$ の点 $w=f(z)$ がただ 1 つ決まる. いいかえると, 有理関数はリーマン球面 $\mathbb{P}^1$ からそれ自身への写像とみることができる. なかでも 1 次式の比

$$\varphi(z) = \frac{az+b}{cz+d}, \qquad ad-bc \neq 0 \quad (a,b,c,d \in \mathbb{C}) \qquad (4.20)$$

は 1 次分数変換(linear fractional transformation)とよばれ, 特に簡明な性質を持っている. ここで条件 $ad-bc \neq 0$ を設けた理由は, 分母分子が比例して(4.20)が定数になってしまう場合を除外するためである. (4.20)は行列

$$A = \begin{pmatrix} a & b \\ c & d \end{pmatrix}, \qquad \det A = ad-bc \neq 0$$

で定まるから, これを $\varphi_A(z)$ と表そう. ただし A 全体をスカラー倍しても $\varphi_{\lambda A}(z) = \varphi_A(z) \ (\lambda \neq 0)$ となって関数は変わらないことに注意する. このとき関数の合成はちょうど行列の積に対応している:

$$\varphi_A(\varphi_B(z)) = \varphi_{AB}(z). \qquad (4.21)$$

問 7 (4.21)を確かめよ.

明らかに単位行列 E は恒等写像 $\varphi_E(z) = z$ を定める. (4.21)で $B=A^{-1}$ ととれば $\varphi_A(\varphi_{A^{-1}}(z)) = z$ であるから, 逆行列には逆関数 $\varphi_{A^{-1}}(z) = \varphi_A^{-1}(z)$ が対応する. 特に 1 次分数変換はすべて $\mathbb{P}^1$ から $\mathbb{P}^1$ への全単射(1 対 1 で上への写像)であることがわかった.

これまでにもよく用いた基本的な変換として

（1）　$w = z + a$　（平行移動）

（2）　$w = az$　（$a \neq 0$, 定数倍）

（3）　$w = 1/z$

があった．これらは 1 次分数変換の特別な場合である．他方 (4.20) を

$$
\varphi(z) = \begin{cases}
\dfrac{a}{c} - \dfrac{1}{c}\dfrac{ad-bc}{cz+d} & (c \neq 0) \\[3mm]
\dfrac{a}{d}z + \dfrac{b}{d} & (c = 0)
\end{cases}
$$

と表してみれば，任意の 1 次分数変換は (1), (2), (3) を合成することによって得られることがわかる．

　明らかに，平行移動と定数倍でリーマン球面の円 (4.13) は円に写る．また $w = 1/z$ によって (4.13) は同様な形の $a + \overline{\beta}\,\overline{w} + \beta w + cw\overline{w} = 0$ に写される．よって上に述べたことと合わせると，次の性質がわかった．

命題 4.36（円・円対応）　1 次分数変換は $\mathbb{P}^1$ の円を円に写す．　　　　□

例 4.37　a, b を実数 ($a < b$) とするとき，1 次分数変換 $w = (z-b)/(z-a)$ によって区間 $a < z < b$ は半直線 $w < 0$ に写され，$z \in \mathbb{C} \setminus [a,b]$ のとき $w \in \mathbb{C} \setminus (-\infty, 0]$ となる．これから $\mathrm{Log}\left(\dfrac{z-b}{z-a}\right)$ は $\mathbb{C} \setminus [a,b]$ において 1 価の分枝を持つことがわかる．　　　　□

命題 4.38　$\mathbb{P}^1$ の勝手な相異なる 3 点 α, β, γ を，この順で $0, 1, \infty$ に写す 1 次分数変換が存在する．

［証明］　実際，

$$
\varphi(z) = \frac{\beta - \gamma}{\beta - \alpha}\frac{z - \alpha}{z - \gamma}
$$

は確かに $\varphi(\alpha) = 0$, $\varphi(\beta) = 1$, $\varphi(\gamma) = \infty$ を満たす．ただし，上で例えば $\alpha = \infty$ のときの右辺は $(\beta - \gamma)/(z - \gamma)$ と解釈する．β または γ が ∞ のときも同様とする．　　　　■

　組 $0, 1, \infty$ を間にはさんで考えれば，より一般に相異なる 3 点の組 α, β, γ を別の 3 点の組 α', β', γ' に写す 1 次分数変換が存在することがわかる．1 次

102──── 第4章 コーシーの積分公式とその応用

分数変換を利用して問題を簡単な状況に直して考えるのは有効な手段である.

《まとめ》

4.1 正則関数の値は, 高次の微分も含めて積分の形で表示される.

4.2 孤立特異点 $z=c$ においては, $z-c$ の負のベキを許したローラン展開ができる.

4.3 有理型関数の単純閉曲線に沿う積分は留数の和で表される.

4.4 有理関数は(無限遠点を含めた)極における主要部で定数差を除き決定される.

────── 演習問題 ──────

4.1 $f(z)=\sum_{n=0}^{\infty} a_n z^n$ は $|z| \leqq R$ の近傍で正則とし, $M(r)=\sup_{|z|=r}|f(z)|$ とおく.

(1) $f(z)$ が定数でなければ $M(r)$ は $0<r<R$ で狭義単調増加であること(すなわち $r_1<r_2$ なら $M(r_1)<M(r_2)$)を示せ.

(2) 次のコーシーの係数評価を証明せよ.

$$|a_n| \leqq \frac{M(R)}{R^n}.$$

4.2 漸化式 $c_0=c_1=1$, $c_n=c_{n-1}+c_{n-2}$ $(n \geqq 2)$ によって定まる数列 c_n の母関数 $f(z)=\sum_{n=0}^{\infty} c_n z^n$ の収束半径を求めよ.

4.3 次の関数のそれぞれの極の位数とそこでの留数を求めよ.

(1) $\dfrac{z}{(\sin z-\tan z)}$ $(z=0)$ (2) $\dfrac{z^4}{(z^2-c^2)^4}$ $(z=c)$

(3) $\dfrac{\cot \pi z}{(z-a)^2}$ $(z=a, z=n$; ただし $a \notin \mathbb{Z}$, $n \in \mathbb{Z})$

4.4 次の関数を指定された点でローラン展開せよ.

(1) $\dfrac{3z^2-3z}{(z+2)(z-1)^2}$ $(z=1)$ (2) $e^{x(z+1/z)}$ $(z=0)$

4.5 次の定積分を計算せよ.

(1) $\displaystyle\int_0^{\infty} \frac{dx}{1+x^6}$ (2) $\displaystyle\int_0^{\infty} e^{-x^2}\cos 2bx\, dx$ $(b>0)$

(3) $\displaystyle\int_{-\infty}^{\infty} \frac{\cos x}{x^2+a^2}\,dx \quad (a>0)$

4.6 $z=e^{2i\theta}$ の積分になおして次を示せ.

$$\int_0^\pi \frac{a}{a^2+\sin^2\theta}\,d\theta = \frac{\pi}{\sqrt{1+a^2}} \qquad (a>0).$$

4.7 実数 $a,b\,(a<b)$ に対して

$$\int_a^b \frac{dx}{x-z} = \mathrm{Log}\left(\frac{z-b}{z-a}\right) \qquad (z\in\mathbb{C}\backslash[a,b])$$

を示せ(右辺は主値を表す).

4.8 有理関数 $f(z)=Q(z)/P(z)$ は閉区間 $[a,b]$ の近傍で正則であるとする. 前問を利用して $f(z)$ の定積分を次の手続きで計算せよ.

(1) $[a,b]$ を正の向きに囲み, $f(z)$ の極を内部に含まないような単純閉曲線 C をとると

$$\int_a^b f(x)\,dx = -\oint_C f(\zeta)\mathrm{Log}\left(\frac{\zeta-b}{\zeta-a}\right)\frac{d\zeta}{2\pi i}.$$

(2) P,Q の次数をそれぞれ n,m とし, $n\geqq m+2$ とすれば

$$\int_a^b f(x)\,dx = \sum \mathrm{Res}\,f(z)\mathrm{Log}\left(\frac{z-b}{z-a}\right)dz.$$

ここで右辺は $f(z)$ の $\mathbb{C}$ での極における留数の総和.

(3) 上の方法で次の積分を計算せよ.

$$\int_0^1 \frac{dx}{1+x^3}.$$

4.9 定数でない有理関数 $f(z)$ は $\mathbb{P}^1$ から $\mathbb{P}^1$ への全射であること, すなわち任意の $w\in\mathbb{P}^1$ に対して $f(z)=w$ を満たす $z\in\mathbb{P}^1$ があることを示せ.

4.10

(1) $w=(z-1)/(z+1)$ によって領域 $\mathrm{Re}\,z>0$ は $|w|<1$ に写ることを示せ.

(2) 実部がつねに正であるような整関数は定数に限ることを示せ.

5

無限和と無限積

　私たちがよく知っている初等関数でも，その零点や極に注目すると新しい
姿が見えてくる．この章では次の3つの等式を素材として，関数の持ってい
るそれぞれの側面に適した表示法を調べていきたい．

$$\pi \cot \pi z = \frac{1}{z} + \sum_{n=1}^{\infty} \frac{2z}{z^2 - n^2},$$

$$\sin \pi z = \pi z \prod_{n=1}^{\infty} \left(1 - \frac{z^2}{n^2}\right),$$

$$\sum_{n=-\infty}^{\infty} (-1)^n z^n q^{n(n-1)} = \prod_{n=1}^{\infty} (1 - q^{2n-2}z)(1 - q^{2n}z^{-1})(1 - q^{2n}).$$

§5.1　関数項の級数

(a)　正則関数の極限

　重要な関数の多くは，無限級数や積分，無限積などの形で表示される．そ
こで，こうした極限操作によって関数の正則性がどう保たれるかを調べてお
くのは大事なことである．連続性や微分可能性は，各点の近傍での性質だけ
が問題になるので，応用上は次の概念が便利である：

　定義 5.1　関数列 $\{f_n(z)\}_{n=1}^{\infty}$ が領域 $\mathcal{D}$ で**広義一様収束**するとは，$\mathcal{D}$ の各
点 a ごとにある閉円板 $\overline{D}(a; r) \subset \mathcal{D}\ (r > 0)$ がとれて，$\{f_n(z)\}_{n=1}^{\infty}$ が $\overline{D}(a; r)$

106———第 5 章　無限和と無限積

上一様収束することをいう.　　　　　　　　　　　　　　　　　　□

例 5.2　$f_n(z) = 1 + z + \cdots + z^{n-1} = (1 - z^n)/(1 - z)$ は $|z| < 1$ で $f(z) = 1/(1 - z)$ に広義一様収束する.　実際,　任意の $0 < r < 1$ に対し $\sup\limits_{|z| \leqq r} |f_n(z) - f(z)| = r^n/(1-r)$ となるから,　$0 < r < 1$ を止めるごとに $\lim\limits_{n \to \infty} \sup\limits_{|z| \leqq r} |f_n(z) - f(z)| = 0$. しかし $|z| < 1$ 全体では一様収束はしていない.　　　　　　　　　　　□

　　領域 $\mathcal{D}$ 上の連続関数列 $\{u_n(x, y)\}_{n=0}^{\infty}$ が広義一様収束するならば極限 $u(x, y)$ は連続関数になる(本シリーズ『微分と積分 2』第 2 章).　実関数の場合,　各 $u_n(x, y)$ が微分可能であっても極限 $u(x, y)$ は微分可能になるとは限らない.　しかし,　次に述べるように複素関数の世界は幸いにしてこの点も大変簡明にできている.

定理 5.3　領域 $\mathcal{D}$ 上で正則な関数の列 $\{f_n(z)\}_{n=1}^{\infty}$ が $\mathcal{D}$ 上広義一様収束すれば,　極限 $f(z)$ も $\mathcal{D}$ で正則である.　さらに,　各導関数の列 $\{f_n^{(k)}(z)\}_{n=1}^{\infty}$ も広義一様収束して,

$$\lim_{n \to \infty} f_n^{(k)}(z) = f^{(k)}(z) \qquad (k = 1, 2, \cdots)$$

が成り立つ.

　[証明]　仮定によって,　任意の $a \in \mathcal{D}$ に対して適当な近傍 $\overline{D}(a; r) \subset \mathcal{D}$ をとれば $\{f_n(z)\}_{n=1}^{\infty}$ はその上で一様に収束する.　いま $|z - a| < r$ とすると,　コーシーの積分公式によって

$$f_n^{(k)}(z) = k! \oint_{|\zeta - a| = r} \frac{f_n(\zeta)}{(\zeta - z)^{k+1}} \frac{d\zeta}{2\pi i}.$$

特に $k = 0$ とすると,　一様収束性から積分と極限は交換できて

$$f(z) = \lim_{n \to \infty} f_n(z) = \oint_{|\zeta - a| = r} \frac{f(\zeta)}{\zeta - z} \frac{d\zeta}{2\pi i}$$

となる.　$f(z)$ は連続であるから,　この式が成り立てば $f(z)$ は $z = a$ の近傍で正則になる(定理 4.2).　さらに,　$|z - a| \leqq r/2$ ならば $|\zeta - z| \geqq |\zeta - a| - |z - a| \geqq r/2$ だから

$$|f_n^{(k)}(z) - f^{(k)}(z)| \leqq k! \oint_{|\zeta - a| = r} \frac{|f_n(\zeta) - f(\zeta)|}{|\zeta - z|^{k+1}} \frac{|d\zeta|}{2\pi}$$

$$\leqq k! \left(\frac{2}{r}\right)^{k+1} r \sup_{|\zeta - a| = r} |f_n(\zeta) - f(\zeta)|.$$

この右辺は z によらず $n \to \infty$ で 0 に近づくから主張は示された. ∎

(b) 絶対収束の判定（無限級数）

無限級数の一様収束性については，次の判定法が使いやすい.

定理 5.4（ワイエルシュトラスの M–判定法） 級数 $S(z) = \sum_{n=0}^{\infty} f_n(z)$ において，

（ i ） 各 $f_n(z)$ は領域 $\mathcal{D}$ 上正則，

（ ii ） 正の数 M_n があって $|f_n(z)| \leqq M_n$, $\sum_{n=0}^{\infty} M_n < \infty$

と仮定する． このとき $S(z)$ は $\mathcal{D}$ 上で正則であって，項別に微分可能である：

$$S^{(k)}(z) = \sum_{n=0}^{\infty} f_n^{(k)}(z) \qquad (k = 1, 2, \cdots).$$

[証明] 部分和 $S_n(z) = \sum_{j=0}^{n} f_j(z)$ は，仮定から $\mathcal{D}$ 上で一様収束する． ゆえに定理 5.3 を適用すればよい. ∎

例 5.5（リーマンのゼータ関数）

$$\zeta(s) = \sum_{n=1}^{\infty} \frac{1}{n^s} \tag{5.1}$$

は，右半平面 $\mathrm{Re}\, s > 1$ において広義一様に絶対収束して正則関数を表す． 実際，任意の $R > 1$ を固定して $M_n = n^{-R}$ とおくと

$$|n^{-s}| = n^{-\mathrm{Re}\, s} \leqq M_n \quad (\mathrm{Re}\, s \geqq R), \qquad \sum_{n=1}^{\infty} M_n < \infty.$$

ゆえに $\zeta(s)$ は $\mathrm{Re}\, s \geqq R$ で一様収束する. □

例題 5.6 次の級数は $\mathbb{C} \backslash \mathbb{Z}$ で広義一様収束して $\mathbb{C}$ 上の有理型関数を表すことを示せ.

108──── 第5章　無限和と無限積

$$f(z) = \frac{1}{z} + \sum_{n=1}^{\infty} \frac{2z}{z^2 - n^2}. \tag{5.2}$$

　[解]　任意の $R > 0$ をとって，$|z| \leqq R$ で考える．$N \geqq 2R$ なる整数 N を決めて

$$f(z) = \left(\frac{1}{z} + \sum_{n=1}^{N-1} \frac{2z}{z^2 - n^2} \right) + \sum_{n=N}^{\infty} \frac{2z}{z^2 - n^2} \tag{5.3}$$

と分ける．第1項は単なる有理関数である．第2項を調べよう．今 $n \geqq N$ ならば

$$\left| \frac{2z}{z^2 - n^2} \right| \leqq \frac{2|z|}{n^2} \frac{1}{1 - \dfrac{|z|^2}{n^2}} \leqq \frac{2R}{n^2} \frac{1}{1 - 1/4} = \frac{8R}{3} \frac{1}{n^2}.$$

したがって定理 5.4 により (5.3) の第2項は絶対収束して $|z| < R$ で正則である．よって $f(z)$ は $|z| < R$ で有理型で，その主要部は第1項に含まれている．R は任意だったので，結局 $f(z)$ は全平面で有理型で $z = 0, \pm 1, \pm 2, \cdots$ にのみ単純極を持つことがわかった．∎

§5.2　余接関数の部分分数分解

　有理関数と同じように，$\pi \cot \pi z$ も部分分数に分解することはできないだろうか？　例題 4.22 によれば，$\pi \cot \pi z$ は $z = 0, \pm 1, \pm 2, \cdots$ に極を持ち，その主要部は $1/(z-n)$ である．主要部を集めれば

$$\pi \cot \pi z \overset{?}{=} \sum_{n=-\infty}^{\infty} \frac{1}{z - n}$$

となりそうであるが，これは少し具合が悪い．$\sum_{n=1}^{\infty} 1/n = \infty$ だから右辺はそのままでは収束しないのである．そこで，右辺をまとめ直し，

$$\pi \cot \pi z = \frac{1}{z} + \sum_{n=1}^{\infty} \left(\frac{1}{z-n} + \frac{1}{z+n} \right) = \frac{1}{z} + \sum_{n=1}^{\infty} \frac{2z}{z^2 - n^2} \tag{5.4}$$

とすると，これは収束して上の困難は解消する（例題 5.6）．

　以下部分分数分解 (5.4) が実際正しいことを証明する．

§5.2 余接関数の部分分数分解

まず $z \notin \mathbb{Z}$ を1つ固定し，正の整数 N を十分大きくとって $R = N+1/2$ とおく．4点 $\pm R \pm iR$ を頂点とする正方形 C に沿って

$$f(\zeta) = \frac{\pi \cot \pi \zeta}{\zeta - z}$$

を積分してみよう（図5.1参照）．

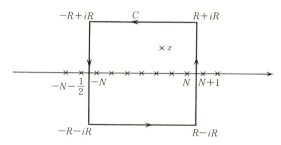

図5.1 余接関数の部分分数分解

$f(\zeta)$ は $\zeta = z$ および $\zeta = k$ （k は整数）に極を持ち，そこでの留数はそれぞれ

$$\operatorname*{Res}_{\zeta=z} f(\zeta) d\zeta = \pi \cot \pi z, \quad \operatorname*{Res}_{\zeta=k} f(\zeta) d\zeta = \frac{1}{k-z}.$$

よって正方形内部の留数を集めれば

$$\oint_C f(\zeta) \frac{d\zeta}{2\pi i} = \pi \cot \pi z + \sum_{k=-N}^{N} \frac{1}{k-z}$$

$$= \pi \cot \pi z - \frac{1}{z} - \sum_{k=1}^{N} \left(\frac{1}{z-k} + \frac{1}{z+k} \right) \quad (5.5)$$

となる．そこで $R = N+1/2 \to \infty$ の極限で左辺の積分が0になることを示せば目的を達する．

まず C 上で $\cot \pi \zeta$ の大きさを見積もってみよう．$\zeta = x \pm iR$ $(-R \leqq x \leqq R)$ のとき

$$|\cot \pi \zeta| = \left| i \frac{e^{\pi(ix \mp R)} + e^{-\pi(ix \mp R)}}{e^{\pi(ix \mp R)} - e^{-\pi(ix \mp R)}} \right| \leqq \frac{e^{2\pi R} + 1}{e^{2\pi R} - 1} < 2.$$

また $R = N+1/2$ に注意して，$\zeta = \pm R + iy$ $(-R \leqq y \leqq R)$ のとき

110――――第 5 章　無限和と無限積

$$\left| \cot \pi \zeta \right| = \left| \tan(\pi i y) \right| \leqq \frac{e^{2\pi R} - 1}{e^{2\pi R} + 1} < 1.$$

つまり C 上で $\left| \cot \pi \zeta \right| < 2$ である．しかしいきなり (5.5) の左辺を評価しようとしても

$$\left| \int_C f(\zeta) \frac{d\zeta}{2\pi i} \right| \leqq 2\pi \int_C \frac{|d\zeta|}{|\zeta - z|} \frac{1}{2\pi} \leqq \int_C \frac{|d\zeta|}{|\zeta| - |z|}$$

は $R \to \infty$ で 0 になってくれない．そこで補助的に $\pi \cot \pi \zeta / \zeta$ を考えると，これは偶関数だから C に沿っての積分は 0 である．よって

$$(5.5) \text{の左辺} = \int_C \pi \cot \pi \zeta \left(\frac{1}{\zeta - z} - \frac{1}{\zeta} \right) \frac{d\zeta}{2\pi i} = z \int_C \frac{\pi \cot \pi \zeta}{\zeta(\zeta - z)} \frac{d\zeta}{2\pi i}$$

と変形することができる．この式を用いれば，$R \to \infty$ の極限で確かに

$$\left| (5.5) \text{の左辺} \right| \leqq 2\pi |z| \int_C \frac{1}{|\zeta|(|\zeta| - |z|)} \frac{|d\zeta|}{2\pi} \leqq \frac{8|z|}{R - |z|} \to 0$$

となることがわかった．

例 5.7　(5.4) を項別に微分すれば

$$\frac{\pi^2}{\sin^2 \pi z} = \frac{1}{z^2} + \sum_{n=1}^{\infty} \left(\frac{1}{(z-n)^2} + \frac{1}{(z+n)^2} \right) = \sum_{n=-\infty}^{\infty} \frac{1}{(z-n)^2}$$

を得る．この右辺は，上と同様の議論で，領域 $\mathbb{C} \backslash \{0, \pm 1, \pm 2, \cdots\}$ で広義一様に絶対収束することがわかる．　　　　　　　　　　　　　　　　　□

さて，(2.31) でベルヌーイ数を使って $\pi z \cot \pi z$ のテイラー展開を計算した：

$$\pi z \cot \pi z = 1 - \sum_{n=1}^{\infty} \frac{2^{2n} B_{2n}}{(2n)!} \pi^{2n} z^{2n}. \tag{5.6}$$

一方，(5.4) より

$$\pi z \cot \pi z = 1 + \sum_{n=1}^{\infty} \frac{2z^2}{z^2 - n^2} = 1 - 2 \sum_{n=1}^{\infty} \sum_{m=1}^{\infty} \left(\frac{z^2}{n^2} \right)^m.$$

絶対収束する 2 重級数の和の順序を交換すれば，右辺は

$$1 - 2 \sum_{m=1}^{\infty} \zeta(2m) z^{2m}$$

と書ける. これと(5.6)を比較すれば, ゼータ関数の値の公式が得られる.

　　系 5.8

$$\zeta(2m) = \frac{2^{2m-1} B_{2m}}{(2m)!} \pi^{2m} \qquad (m = 1, 2, 3, \cdots).$$

　　　　　　　　　　　　　　　　　　　　　　　　　　　　□

§5.3　無限積と因数分解

　学習の手引きに述べたように, オイラーは $\sin z$ の零点が $z = 0, \pm\pi, \pm2\pi, \cdots$ で与えられることに注目して, その因数分解の公式を発見した. この節でその証明を述べる.

（a）　無 限 積

　まず無限積の定義と性質についてまとめておこう. 複素数列 $a_1, a_2, \cdots$ の無限積 $\prod_{n=1}^{\infty} a_n$ とは, 部分積の極限 $\lim_{n \to \infty} a_1 a_2 \cdots a_n$ と定めるのが自然であるように思える. しかしこうすると, $\{a_n\}_{n=1}^{\infty}$ のなかに1つでも0が現れたら, その他がどうであってもつねに極限は0となってしまい, あまり意味がない. そこで無限積の収束を次のように定義する：

　定義 5.9　無限積 $\prod_{n=1}^{\infty} a_n$ が収束するとは, 次の2つの条件が成り立つことと定める.

　（ⅰ）　ある番号 N から先は $a_n \neq 0 \ (n \geq N)$,

　（ⅱ）　部分積の極限 $\lim_{m \to \infty} \prod_{n=N}^{m} a_n$ が存在して**零でない**.

このとき無限積の値を

$$\prod_{n=1}^{\infty} a_n = \prod_{n=1}^{N-1} a_n \times \lim_{m \to \infty} \prod_{n=N}^{m} a_n$$

によって定める.　　　　　　　　　　　　　　　　　　　　　□

　定義から, 無限積が収束するかどうかは最初の有限項には無関係である.

112———第5章　無限和と無限積

また収束するならば $a_m = \prod_{n=N}^{m} a_n \Big/ \prod_{n=N}^{m-1} a_n \to 1 \ (m \to \infty)$ でなければならない．そこで以下では $a_n = 1 + u_n$ とおいて

$$\prod_{n=1}^{\infty} (1 + u_n) \tag{5.7}$$

の形で扱うことにする．これが収束するならば $u_n \to 0$ である．

　対数をとれば(5.7)の収束は無限和 $\sum_{n=1}^{\infty} \log(1+u_n)$ の話に帰着しそうだが，log の分枝をどう選ぶかに注意が必要である．この方針が円滑に運ぶための十分条件を考えよう．

　定義5.10　無限級数 $\sum_{n=1}^{\infty} u_n$ が絶対収束するとき，無限積(5.7)は絶対収束するという．　□

　命題5.11　無限積(5.7)が絶対収束すれば定義5.9の意味で収束する．

　[証明]　仮定より $u_n \to 0$ であるから，ある N から先の番号 $n \geqq N$ で $|u_n| \leqq 1/2$ が成り立つ．主値 $\mathrm{Log}\,(1+z)$ の級数展開(2.14)を利用すれば，$|u| \leqq 1/2$ のとき評価

$$|\mathrm{Log}\,(1+u)| \leqq \sum_{n=1}^{\infty} \frac{|u|^n}{n} \leqq \sum_{n=1}^{\infty} |u|^n = \frac{|u|}{1-|u|} \leqq 2|u| \tag{5.8}$$

が成り立つ．したがって $\sum_{n=N}^{\infty} \mathrm{Log}\,(1+u_n)$ は絶対収束し，

$$\lim_{m \to \infty} \prod_{n=N}^{m} (1+u_n) = \exp\Big(\sum_{n=N}^{\infty} \mathrm{Log}\,(1+u_n) \Big)$$

は存在して零ではない．　∎

　証明からわかるように，絶対収束の場合，N を十分大きくとれば級数 $\sum_{n=N}^{\infty} \mathrm{Log}\,(1+u_n)$ が絶対収束するので，無限積の性質は絶対収束級数の性質に帰着する．特に次のことは明らかだろう．

　（ⅰ）　絶対収束するとき積の順序を変更しても無限積の値は変わらない．

　（ⅱ）　$P = \prod_{n=1}^{\infty} (1+u_n)$, $Q = \prod_{n=1}^{\infty} (1+v_n)$ が絶対収束すれば，$\prod_{n=1}^{\infty} (1+u_n)(1+v_n)$ も絶対収束であってその値は PQ に等しい．

（b） 絶対収束の判定（無限積）

応用上はワイエルシュトラスの M–判定法の無限積版である次の判定法が便利である.

定理 5.12 領域 $\mathcal{D}$ 上で正則な関数の列 $\{u_n(z)\}_{n=1}^\infty$ が $\mathcal{D}$ 上で評価

$$|u_n(z)| \leqq M_n, \qquad \sum_{n=1}^\infty M_n < \infty \qquad (5.9)$$

を満たすとする. このとき :

（ i ） 無限積

$$f(z) = \prod_{n=1}^\infty (1+u_n(z))$$

は $\mathcal{D}$ 上で絶対収束して正則な関数になる.

（ ii ） $f(z)=0$ となるのはある n に対して $1+u_n(z)=0$ となるとき，かつそのときに限る.

（iii） 対数微分の公式

$$\frac{f'(z)}{f(z)} = \sum_{n=1}^\infty \frac{u_n'(z)}{1+u_n(z)} \qquad (5.10)$$

が成り立つ.

［証明］ 十分大きい N をとれば $M_n \leqq 1/2 \ (n \geqq N)$ とできる. このとき(5.8)より

$$|\mathrm{Log}\,(1+u_n(z))| \leqq 2|u_n(z)| \leqq 2M_n$$

であるから，ワイエルシュトラスの M–判定法によって

$$g(z) = \sum_{n=N}^\infty \mathrm{Log}\,(1+u_n(z)) \qquad (5.11)$$

は $\mathcal{D}$ 上で絶対収束して正則関数を表す. したがって

$$f(z) = \prod_{n=1}^{N-1} (1+u_n(z)) \times e^{g(z)}$$

は絶対収束して $\mathcal{D}$ 上で正則になる. 第2の因子は $\mathcal{D}$ で零にならないから主張(ii)は明らか. また

114———第 5 章　無限和と無限積

$$\frac{f'(z)}{f(z)} = \sum_{n=1}^{N-1} \frac{u_n'(z)}{1+u_n(z)} + g'(z)$$

であるが，絶対収束級数(5.11)を項別微分すれば

$$g'(z) = \sum_{n=N}^{\infty} \frac{u_n'(z)}{1+u_n(z)}.$$

よって主張(iii)も明らかである. ∎

（c）　正弦関数の無限積表示

以上の準備の下に，$\sin \pi z$ の因数分解は簡単に証明できる.

定理 5.13

$$\sin \pi z = \pi z \prod_{n=1}^{\infty} \left(1 - \frac{z^2}{n^2}\right). \tag{5.12}$$

［証明］　右辺を $f(z)$ とおけば，これは任意の $R > 0$ に対して領域 $|z| < R$ において絶対収束する.（上の定理 5.12 で $M_n = R^2/n^2$ ととればよい.）R は任意であったから，結局 $f(z)$ は全平面で正則である.　対数微分すれば，(5.4)を用いて

$$\frac{f'(z)}{f(z)} = \frac{1}{z} + \sum_{n=1}^{\infty} \frac{2z}{z^2-n^2} = \pi \cot \pi z = \frac{(\sin \pi z)'}{\sin \pi z}$$

を得る.　ゆえに，ある定数 C によって $f(z) = C \sin \pi z$ と書くことができる. $z \to 0$ としたとき $f(z)/z \to \pi$ であるから，$C = 1$ でなければならない. ∎

問 1　$\sin 2z = 2 \sin z \cos z$ を利用して次の因数分解を証明せよ.

$$\cos \pi z = \prod_{n=1}^{\infty} \left(1 - \frac{4z^2}{(2n-1)^2}\right).$$

（d）　ガンマ関数

無限積(5.12)において因子 $1 - z^2/n^2 = (1-z/n)(1+z/n)$ の一方のみをとれば，$\sin \pi z$ の零点のうち半分だけを零点に持つ関数 $\prod_{n=1}^{\infty}(1+z/n)$ が作れそうである.　しかし後者は収束しない.　そこで零点の位置は保ったまま，これ

§5.3 無限積と因数分解 —— 115

を収束するように補正しよう.

命題 5.14 次の無限積は全平面で絶対収束する.

$$g(z) = \prod_{n=1}^{\infty} \left(1 + \frac{z}{n}\right) e^{-z/n}.$$

［証明］ 関数 $(1+z)e^{-z} = 1 - z^2/2 + \cdots$ は $z = 0$ でのテイラー展開に 1 次の項を持たないので，適当に $M, r > 0$ をとれば

$$|(1+z)e^{-z} - 1| \leqq M|z|^2 \qquad (|z| \leqq r)$$

が成り立つ. いま $1 + u_n(z) = (1 + z/n)e^{-z/n}$ によって $u_n(z)$ を定めれば，$|z| \leqq R$ かつ $n \geqq R/r$ なる限り

$$|u_n(z)| \leqq M \frac{R^2}{n^2}.$$

ゆえにワイエルシュトラスの M–判定法が適用される.

なお $e^{-z/n}$ は零点を持たないから，$g(z)$ の零点は $z = -1, -2, \cdots$ に限る. ■

さて，正の実数 x に対して，ガンマ関数 $\Gamma(x)$ はオイラーの公式

$$\frac{1}{\Gamma(x)} = \lim_{n \to \infty} \frac{x(x+1)\cdots(x+n)}{n! \, n^x} \qquad (x > 0) \qquad (5.13)$$

で与えられる（本シリーズ『微分と積分 1』§4.1）. 右辺をさらに変形すると

$$\begin{aligned}
&\lim_{n \to \infty} n^{-x} x \frac{1+x}{1} \frac{2+x}{2} \cdots \frac{n+x}{n} \\
&= \lim_{n \to \infty} e^{-x \log n} x \prod_{k=1}^{n} \left(1 + \frac{x}{k}\right) \\
&= \lim_{n \to \infty} e^{x(1 + 1/2 + \cdots + 1/n - \log n)} x \prod_{k=1}^{n} \left(1 + \frac{x}{k}\right) e^{-x/n}.
\end{aligned}$$

命題 5.14 と比較すると，極限

$$\gamma = \lim_{n \to \infty} \left(1 + \frac{1}{2} + \cdots + \frac{1}{n} - \log n\right) = 0.57721\cdots$$

が存在することがわかる（これはオイラーの定数と呼ばれる）. 以上から $z = x$ が正の実数のとき

$$\frac{1}{\Gamma(z)} = e^{\gamma z} z \prod_{n=1}^{\infty} \left(1 + \frac{z}{n}\right) e^{-z/n} \qquad (5.14)$$

116——— 第5章　無限和と無限積

が得られた．そこで複素関数としてのガンマ関数 $\Gamma(z)$ を(5.14)で定義しよう．すぐにわかる性質をまとめておく．

定理 5.15　ガンマ関数は次の性質を持つ．

正則性　$\Gamma(z)$ は $z=0,-1,-2,\cdots$ に1位の極を持つほかは全平面で正則で，零点を持たない．

差分方程式　$\Gamma(z+1)=z\Gamma(z)$.

相補公式　$\Gamma(z)\Gamma(1-z)=\dfrac{\pi}{\sin\pi z}$.

[証明]　$1/\Gamma(z)$ は定義によって全平面で正則で，その零点は $z=0,-1,-2,\cdots$ で与えられる．逆数をとれば正則性に関する性質がわかる．

差分方程式は実変数のガンマ関数の最も基本的な性質であった．両辺は有理型関数であるから，一致の定理によって，この式はすべての z で正しい．

無限積表示(5.14)を用いて積を計算すると

$$\frac{1}{\Gamma(z)}\frac{1}{\Gamma(-z)}=-z^2\prod_{n=1}^{\infty}\left(1-\frac{z^2}{n^2}\right)$$

となる．これと $\sin\pi z$ の因数分解(5.12)を比較し，$\Gamma(1-z)=-z\Gamma(-z)$ に注意すれば相補公式が従う．　∎

注意 5.16　本シリーズ『微分と積分1』§3.4 ではガンマ関数は広義積分

$$\Gamma(x)=\int_0^{\infty}e^{-t}t^{x-1}dt$$

で定義された．これからオイラーの公式(5.13)を導くには，大略次のようにすればよい．まず $\lim_{n\to\infty}(1-t/n)^n=e^{-t}$ に注意して次の積分を考える：

$$I_n(x)=\int_0^n\left(1-\frac{t}{n}\right)^n t^{x-1}dt.$$

（1）　不等式 $1-ens^2/2\leqq((1-s)e^s)^n\leqq1\ (0\leqq s\leqq1,\ n\geqq1)$ を示し，次を導く．

$$e^{-t}\left(1-\frac{e}{2n}t^2\right)\leqq\left(1-\frac{t}{n}\right)^n\leqq e^{-t}.$$

（2）　両辺を積分して

$$\int_0^n e^{-t}t^{x-1}dt-\frac{e}{2n}\int_0^n e^{-t}t^{x+1}dt\leqq I_n(x)\leqq\int_0^n e^{-t}t^{x-1}dt$$

より $\lim_{n\to\infty}I_n(x)=\Gamma(x)$.

§5.4　テータ関数───117

（3）　$t = ns$ と積分変数を変換すると，ベータ関数を用いて

$$I_n(x) = n^x \int_0^1 s^{x-1}(1-s)^n ds = n^s B(x, n+1).$$

（4）　公式 $B(\alpha, \beta+1) = (\beta/(\alpha+\beta))B(\alpha, \beta)$, $B(\alpha, 1) = 1/\alpha$ により

$$B(x, n+1) = \frac{n}{x+n}\frac{n-1}{x+n-1}\cdots\frac{1}{x+1}B(x, 1) = \frac{n!}{(x+n)\cdots(x+1)x}.$$

これらをまとめて(5.13)を得る.

§5.4　テータ関数

（a）　3重積公式

この節では，初等関数でない関数の面白い一例として次の無限積をとりあげたい.

$$\psi(z) = \prod_{n=1}^{\infty}(1-q^{2n-2}z)(1-q^{2n}z^{-1}). \tag{5.15}$$

以下の話では $|q| < 1$ を満たす複素数 q を1つ決めておく.

補助的に $\varphi(z) = \prod_{n=1}^{\infty}(1-q^{2n-2}z)$ とおくと，ワイエルシュトラスの M–判定法から $\varphi(z)$ は $|z| < \infty$ で絶対収束して z の整関数になる. したがって $\psi(z) = \varphi(z)\varphi(q^2 z^{-1})$ は $0 < |z| < \infty$ で正則であるが，さらに漸化式 $\varphi(z) = (1-z)\varphi(q^2 z)$ より

$$\psi(q^2 z) = \varphi(q^2 z)\varphi(z^{-1}) = \frac{\varphi(z)}{1-z}(1-z^{-1})\varphi(q^2 z^{-1}) = -z^{-1}\psi(z) \tag{5.16}$$

が成り立つ. この性質を利用して $\psi(z)$ のローラン展開を求めよう.

命題 5.17　$f(z)$ が $0 < |z| < \infty$ で正則で $f(q^2 z) = -z^{-1}f(z)$ を満たすならば，ある定数 c_0 が存在して

$$f(z) = c_0 \sum_{n=-\infty}^{\infty}(-1)^n q^{n(n-1)}z^n. \tag{5.17}$$

［証明］　$f(z)$ のローラン展開を

$$f(z) = \sum_{n=-\infty}^{\infty} c_n z^n \qquad (0 < |z| < \infty)$$

として，係数 c_n を決定したい．性質 $f(q^2 z) = -z^{-1} f(z)$ により

$$\sum_{n=-\infty}^{\infty} c_n q^{2n} z^n = -\sum_{n=-\infty}^{\infty} c_n z^{n-1}$$

となるから，係数を比べれば任意の整数 $n \in \mathbb{Z}$ について

$$q^{2n} c_n = -c_{n+1}$$

が得られる．$d_n = (-1)^n q^{-n(n-1)} c_n$ とおけば，この式は $d_n = d_{n+1}$ と書くことができる．つまり d_n は n によらない．よって $n = 0$ とおけば $d_n = d_0 = c_0$，すなわち

$$c_n = c_0 \times (-1)^n q^{n(n-1)}. \qquad \blacksquare$$

上の命題を $\psi(z)$ にあてはめれば，q だけで定まる定数 $c(q)$ があって次の形の恒等式が成り立つはずである．

$$\sum_{n=-\infty}^{\infty} (-1)^n q^{n(n-1)} z^n = c(q) \prod_{n=1}^{\infty} (1 - q^{2n-2} z)(1 - q^{2n} z^{-1}). \quad (5.18)$$

明らかに $c(0) = 1$ である．次にこの $c(q)$ を決定しよう．

補題 5.18

$$\sum_{n=-\infty}^{\infty} (-1)^n q^{n^2} = c(q) \prod_{n=1}^{\infty} (1 - q^{2n-1})^2, \qquad (5.19)$$

$$\sum_{n=-\infty}^{\infty} (-1)^n q^{4n^2} = c(q) \prod_{n=1}^{\infty} \frac{1 - q^{8n-4}}{1 - q^{4n-2}}. \qquad (5.20)$$

[証明] (5.19)は(5.18)において $z = q$ とおけばよい．また $z = -iq$ とおけば

$$\sum_{n=-\infty}^{\infty} i^n q^{n^2} = c(q) \prod_{n=1}^{\infty} (1 + q^{4n-2}) = c(q) \prod_{n=1}^{\infty} \frac{1 - q^{8n-4}}{1 - q^{4n-2}}.$$

一方，左辺の和を n の偶奇にわけて $n = 2m, 2m-1$ と書けば

$$\sum_{m=-\infty}^{\infty} (-1)^m q^{4m^2} - i \sum_{m=-\infty}^{\infty} (-1)^m q^{(2m-1)^2}.$$

第2項($-i$ 以下)を I とおいて $I = 0$ を示そう．$m = -n+1$ とおくと $2m-$

$1 = -(2n-1)$, よって

$$I = -i \sum_{n=-\infty}^{\infty} (-1)^{n+1} q^{(2n-1)^2} = -I,$$

すなわち $I = 0$. ∎

補題 5.19

$$c(q) = \prod_{n=1}^{\infty} (1-q^{2n}).$$

[証明] (5.20)の左辺は(5.19)の左辺で q を q^4 にしたものだから，右辺を比べれば

$$c(q^4) \prod_{n=1}^{\infty} (1-q^{8n-4})^2 = c(q) \prod_{n=1}^{\infty} \frac{1-q^{8n-4}}{1-q^{4n-2}}. \tag{5.21}$$

これより

$$\frac{c(q^4)}{\prod_{n=1}^{\infty}(1-q^{8n})} = \frac{c(q)}{\prod_{n=1}^{\infty}(1-q^{4n-2})(1-q^{8n-4})(1-q^{8n})}$$

$$= \frac{c(q)}{\prod_{n=1}^{\infty}(1-q^{4n-2})(1-q^{4n})} = \frac{c(q)}{\prod_{n=1}^{\infty}(1-q^{2n})}.$$

いま $d(q) = c(q) \Big/ \prod_{n=1}^{\infty}(1-q^{2n})$ とおけば，この式は $d(q^4) = d(q)$ を示す．したがって $d(q) = d(q^4) = d(q^{16}) = \cdots = d(q^{4^n}) = \cdots$ となり，$n \to \infty$ とすれば $d(q) = d(0) = 1$ を得る． ∎

以上をまとめて，次の定理が得られた．

定理 5.20 (ヤコビの3重積公式)

$$\sum_{n=-\infty}^{\infty} (-1)^n z^n q^{n(n-1)} = \prod_{n=1}^{\infty} (1-q^{2n-2}z)(1-q^{2n}z^{-1})(1-q^{2n}). \tag{5.22}$$
□

特に $q = z^{3/2}$ とおけば例2.13にでてきた無限積の展開公式が得られる．

系 5.21

$$\prod_{n=1}^{\infty} (1-z^n) = \sum_{n=-\infty}^{\infty} (-1)^n z^{n(3n-1)/2} \qquad (|z| < 1).$$
□

これはオイラーが発見した公式であるが，証明にいたるまでには10年を

120———第5章 無限和と無限積

要したと伝えられる.

(b) テータ関数

ヤコビは楕円関数論の研究において, 次の級数を導入した.

$$\vartheta_1(u) = 2 \sum_{n=1}^{\infty} (-1)^{n-1} q^{(n-1/2)^2} \sin(2n-1)\pi u$$

$$= 2(q^{1/4} \sin \pi u - q^{9/4} \sin 3\pi u + q^{25/4} \sin 5\pi u - \cdots). \quad (5.23)$$

これはヤコビの楕円テータ関数(以下単に**テータ関数**(theta function))と呼ばれるものの1つである. $\lim_{q \to 0} \vartheta_1(u)/2q^{1/4} = \sin \pi u$ なので, $\vartheta_1(u)$ は $\sin \pi u$ の一種の拡張と見ることができる.

伝統的な記号にならって, 以下

$$q = e^{\pi i \tau}, \qquad z = e^{2\pi i u}$$

と書こう. $|q| < 1$ だから $\mathrm{Im}\,\tau > 0$ である. このとき(5.23)の右辺は

$$2 \sum_{n=1}^{\infty} (-1)^{n-1} q^{(n-1/2)^2} \frac{z^{n-1/2} - z^{-n+1/2}}{2i} = i \sum_{n=-\infty}^{\infty} (-1)^n q^{(n-1/2)^2} z^{n-1/2}$$

$$= iq^{1/4} z^{-1/2} \sum_{n=-\infty}^{\infty} (-1)^n q^{n(n-1)} z^n$$

と書き直すことができる. 右辺に3重積公式(5.22)を用いれば, テータ関数の無限積表示が得られる:

$$\vartheta_1(u) = iq^{1/4} z^{-1/2} (1-z) \prod_{n=1}^{\infty} (1-q^{2n}z)(1-q^{2n}z^{-1})(1-q^{2n})$$

$$= 2q^{1/4} \sin \pi u \prod_{n=1}^{\infty} (1-2q^{2n} \cos 2\pi u + q^{4n})(1-q^{2n}). \quad (5.24)$$

命題 5.22

$$\vartheta_1(u) \text{ は } u \text{ の整関数で } \vartheta_1(-u) = -\vartheta_1(u). \quad (5.25)$$

$$\vartheta_1(u) = 0 \Longleftrightarrow u = m + n\tau \qquad (m, n \in \mathbb{Z}). \quad (5.26)$$

$$\vartheta_1(u+1) = -\vartheta_1(u), \quad \vartheta_1(u+\tau) = -e^{-\pi i(\tau + 2u)} \vartheta_1(u). \quad (5.27)$$

[証明] (5.25),(5.26)は(5.24)から簡単にわかる. また前節の無限積

$\psi(z)$ の性質(5.16)を，関係式 $\vartheta_1(u) = c(q)iq^{1/4}z^{-1/2}\psi(z)$ $(c(q) = \prod_{n=1}^{\infty}(1-q^{2n}))$ を使って言い換えれば(5.27)が得られる． ∎

(5.27)の最初の式から $\vartheta_1(u)$ は周期2の周期関数である．他方，因子 $-e^{-\pi i(\tau+2u)}$ が掛かることを除けば，第2の式は $u \to u+\tau$ で $\vartheta_1(u)$ の形が変わらず，τ も「ほとんど周期」であることを表している．(5.27)をテータ関数の**擬周期性**(quasi-periodicity)という．実は次の命題が示すように，擬周期性でなく厳密な意味で2つの周期を整関数に要求するのは本来無理なのである．

補題 5.23 定数 $c \neq 0$ と τ (Im $\tau > 0$) を固定する．整関数 $F(u)$ が恒等的に $F(u+c) = F(u+c\tau) = F(u)$ を満たすならばそれは定数に等しい．

［証明］ $\widetilde{F}(u) = F(cu)$ を考えれば $c = 1$ として一般性を失わない．Im $\tau > 0$ なので，任意の $u \in \mathbb{C}$ は $u = a+b\tau$ $(a, b \in \mathbb{R})$ と表すことができる．したがって適当に整数 m, n をとれば $u' = u+m+n\tau$ が集合 $P = \{a+b\tau \mid 0 \leqq a, b \leqq 1\}$ に入るようにできる．他方，仮定から $F(u') = F(u+m+n\tau) = F(u)$ が成り立つ．したがって $F(u)$ が $\mathbb{C}$ 上でとりうる値は P 上でとりうる値で尽きている．ところが P は有界な閉集合だから特に $|F(u)|$ は P 上有界，したがって $\mathbb{C}$ 上有界である．ゆえにリウビルの定理により $F(u)$ は定数である． ∎

正則性を犠牲にして極を許せば，2つの周期をもつ関数は存在する．2つの独立な周期を持つ $\mathbb{C}$ 上の有理型関数を楕円関数という．有理関数が多項式の比で書けるように，楕円関数は適当なテータ関数の有理式で表すことができ，テータ関数は楕円関数の研究に基本的な役割を果たす．

注意 5.24 quasi-periodic は「準周期的」と訳される場合がある．このときは「有限個の周期関数の和で表される」ことを意味し，擬周期性とは別の概念である．

テータ関数は多くの重要な性質を持っている．ここではそのうちの1つを紹介しよう．

定理 5.25（テータ関数の加法定理）

$$\vartheta_1(u+x)\vartheta_1(u-x)\vartheta_1(v+y)\vartheta_1(v-y) - \vartheta_1(u+y)\vartheta_1(u-y)\vartheta_1(v+x)\vartheta_1(v-x)$$

$$= \vartheta_1(x-y)\vartheta_1(x+y)\vartheta_1(u+v)\vartheta_1(u-v).$$

[証明] x, y, v を固定し,左辺を $f(u) = f_1(u) - f_2(u)$,右辺を $g(u)$ と書いて u の関数とみなそう.両辺が同じ擬周期性と零点を持つことを示し,それを用いて比 $F(u) = f(u)/g(u)$ が定数 1 に等しいことを導く.

まず $h(u) = \vartheta_1(u+a)\vartheta_1(u-a)$ は a にかかわらず
$$h(u+1) = h(u), \qquad h(u+\tau) = e^{-2\pi i(\tau+2u)}h(u)$$
を満たしている.したがって $f(u), g(u)$ もこれと同じ性質を持つ.よって比をとれば $F(u+1) = F(u+\tau) = F(u)$.次に $F(u)$ の極を調べよう.$g(u)$ の零点は (5.26) から $u = \pm v + m + n\tau$ $(m, n \in \mathbb{Z})$ で与えられる.式の形から $f_1(\pm v) = f_2(\pm v)$,したがって $f(\pm v) = 0$ がただちにわかるので,$u = \pm v$ で $F(u)$ は正則である.すると周期性により $u = \pm v + m + n\tau$ でも正則となり,結局 $F(u)$ は整関数である.ゆえに補題 5.23 から $F(u)$ は定数でなければならない.$u = y$ とおけば $f_1(y) = g(y)$, $f_2(y) = 0$ だから $F(u) \equiv F(y) = 1$ が成り立つ. ∎

《まとめ》

5.1 正則関数を項とする無限級数・無限積は,絶対収束すれば正則になり,項別微分などが自由にできる.

5.2 3角関数も零点や極に着目すると,有理関数と同じように部分分数分解や因数分解ができる.

5.3 無限積で定義されるガンマ関数・テータ関数とその性質に触れた.

──────── 演習問題 ────────

5.1 次の部分分数分解を示せ.
$$\frac{\pi}{\sin \pi z} = \frac{1}{z} + \sum_{n=1}^{\infty} (-1)^n \frac{2z}{z^2 - n^2}$$

演習問題 ——— *123*

5.2

(1) $\overline{\Gamma(z)} = \Gamma(\bar{z})$ を示せ.

(2) y を実数とするとき次式を示せ.

$$|\Gamma(iy)| = \sqrt{\frac{\pi}{y \sinh \pi y}} \qquad \left(\sinh x = \frac{e^x - e^{-x}}{2} \right)$$

5.3 次の公式を導け.

(1) $\dfrac{\Gamma'(z)}{\Gamma(z)} = -\dfrac{1}{z} - \gamma + \sum_{n=1}^{\infty} \left(\dfrac{1}{n} - \dfrac{1}{z+n} \right)$,

(2) $\dfrac{d}{dz} \left(\dfrac{\Gamma'(z)}{\Gamma(z)} \right) = \sum_{n=0}^{\infty} \dfrac{1}{(z+n)^2}$.

5.4 $|q| < 1$ として,

$$F(q) = \prod_{n=1}^{\infty} (1 + q^n), \qquad B(q) = \prod_{n=1}^{\infty} \frac{1}{1 - q^{2n-1}}$$

とおくとき $F(q) = B(q)$ を示せ.

5.5

(1) 無限積

$$S_2(z) = e^z \prod_{n=1}^{\infty} \left(\left(\frac{1 - \dfrac{z}{n}}{1 + \dfrac{z}{n}} \right)^n e^{2z} \right)$$

は $\mathbb{C} \backslash \{\pm 1, \pm 2, \cdots\}$ で広義一様収束して有理型関数になることを示せ. $S_2(z)$ を 2 重正弦関数と呼ぶ[*1].

(2) 次の式を導け.

$$\frac{S_2'(z)}{S_2(z)} = \pi z \cot \pi z, \quad S_2(z+1) = C \sin \pi z S_2(z).$$

ここに C はある定数. (実は $C = -2$ である. 証明に挑戦されたい.)

[*1] この呼称は黒川信重による. N. Kurokawa, *Multiple sine functions and Selberg zeta functions*, Proc. Japan Acad. **67** A (1991) 61–64.

6

解析関数

　ベキ級数は1価関数としてはっきりした意味を持っているが，解析接続によってその定義を広げていくと，対数関数のように多価関数にならざるを得ないものもある．これはその関数の持つ本来の性質で，避けて通ることはできない．この章では解析接続と多価関数について，いくつかの側面から考察する．紙数の都合上駆け足の説明になるが，あまり細部にはこだわらず，考え方を学んでいただきたい．

§6.1　解析接続

（a）　ベキ級数の接続

　ある領域で与えられた解析関数が，実際にはもっと広い領域に解析接続できることもしばしば起こる．例えばリーマンのゼータ関数 $\zeta(s)$ は $\mathrm{Re}\,s > 1$ で収束する級数(5.1)によって与えられるが，実は全平面で有理型な関数に拡張されることがわかっている．解析接続はいつでもできるとは限らないが，できるとすれば結果は一通りである（一意接続の原理）．ではなるべく広い領域で定義された関数を作るにはどうしたらよいだろうか．ワイエルシュトラスはベキ級数から出発して次のように考えた．

　いま1つの収束ベキ級数 $h(z)$ が与えられたとする．収束円 D 内の1点で改めて $h(z)$ を展開してみると，その収束円 D_1 はしばしばもとの円板 D を

少しはみだすことがある(例 2.35 を思い出そう). 次に同じことを D_1 の別の 1 点で実行する. これを繰り返していくと,陣取りゲームのように少しずつ領土が広がってゆくであろう(図 6.1).

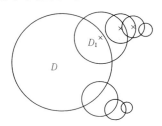

図 6.1 ベキ級数の解析接続

ワイエルシュトラスは,一般に円 $D = D(a;r)$ とそこでの収束ベキ級数 $h(z)$ の組 $(h(z), D)$ を,点 a を中心とする**関数要素**(function element)と呼んだ. 次々に点を選んで関数要素を接続していく手続きには無数の可能性がある. 特にある曲線の上の点をたどっていく方法を**曲線に沿う解析接続**と言う. すなわちいま曲線 C が $z = z(t)$ $(0 \leqq t \leqq 1)$ で与えられているとしよう. 各点 $z(t)$ を中心とする関数要素の族 $\{(h_t(z), D_t)\}_{0 \leqq t \leqq 1}$ があって,条件

$$|s-t| \text{ が十分小さいとき } h_s(z) = h_t(z) \qquad (z \in D_s \cap D_t) \quad (6.1)$$

を満たすとき,関数要素 $(h_1(z), D_1)$ は関数要素 $(h_0(z), D_0)$ の C に沿う解析接続であるという. 1 つの関数要素から出発してあらゆる曲線に沿って可能な限り解析接続を行なえば,これ以上拡張できない関数が得られるだろう. これを**ワイエルシュトラスの解析関数**という.

ここで注意しておくべきことがある. 図 6.2 の左のように 2 つの曲線 C_1, C_2 が共通の終点 b を持っていても,始点の関数要素を b に接続して得られる 2 つの関数要素は相異なるかもしれない. あるいは同じことだが,図 6.2 の右のように閉曲線に沿って解析接続したときに,もとの関数要素に戻ってくるとは限らないのである. そのときは同じ点に複数の値が対応することになるから,考えている解析関数は多価関数になる.

注意 6.1 ベキ級数によっては,収束円 D 内のどの点において展開し直しても,その収束円 D_1 がつねにもとの円板 D に含まれてしまうという状況も起こ

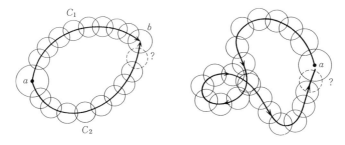

図 **6.2** 解析接続による多価性

る.この場合,定義域は永久に D の外に広げることができない.例 2.13 の級数 $\sum_{n=-\infty}^{\infty}(-1)^n z^{(3n-1)n/2}$ は,そのような関数の自然な実例として知られている.

(b) 対数関数の解析接続

ワイエルシュトラスの考え方に従って,ベキ級数

$$\log z = (z-1) - \frac{(z-1)^2}{2} + \frac{(z-1)^3}{3} - \cdots \qquad (|z-1|<1) \quad (6.2)$$

の解析接続を実行してみよう.それには次の関係を利用する.

$$\frac{d}{dz}\log z = \frac{1}{1+(z-1)} = \frac{1}{z}. \qquad (6.3)$$

これを積分すれば $|z-1|<1$ において次の表示が得られる.

$$\log z = \int_1^z \frac{d\zeta}{\zeta} \qquad (積分路は 1 と z を結ぶ曲線 C). \qquad (6.4)$$

ここで積分路は $|z-1|<1$ 内の曲線ならばどれをとっても同じ結果になる(積分路変形の原理).一方右辺の積分は C が $\zeta=0$ を通らない限りいつでも意味をもつ.そこで 1 と z を結ぶ $\mathbb{C}\setminus\{0\}$ 内の一般の曲線 C に対して,(6.4) の右辺を $\log_C z$ で表すことにしよう.すると積分 $\log_C z$ は (6.2) の C に沿った解析接続を与えることが次のようにしてわかる.

いま曲線 C 上の各点 $z(t)$ ($0 \leqq t \leqq 1$) を中心として,領域 $\mathbb{C}\setminus\{0\}$ に含まれるような小円 D_t をとる.このとき D_t のなかで $1/\zeta$ をベキ級数に展開して

128———第6章　解析関数

おけば，項別積分によって

$$\int_{z(t)}^{z} \frac{d\zeta}{\zeta} \qquad (D_t \text{ 内の曲線に沿って積分})$$

$$= \frac{z-z(t)}{z(t)} - \frac{1}{2}\frac{(z-z(t))^2}{z(t)^2} + \frac{1}{3}\frac{(z-z(t))^3}{z(t)^3} - \cdots$$

はまた D_t でベキ級数展開できる．そこで

$$h_t(z) = \int_1^{z(t)} \frac{d\zeta}{\zeta} + \int_{z(t)}^{z} \frac{d\zeta}{\zeta}$$

とおけば，$\{(h_t(z), D_t)\}_{0 \le t \le 1}$ は条件(6.1)を満たす関数要素の族になる．

　以上のことから，関数要素(6.2)は $\mathbb{C}\backslash\{0\}$ 内の任意の曲線に沿って解析接続できることがわかった．

　問1　$z = re^{i\theta} \in \mathcal{D}_0 = \mathbb{C}\backslash(-\infty, 0]$ のとき，C として，(1) 1 と r を結ぶ線分，(2) r と $re^{i\theta}$ を結ぶ円弧，をつなげたものをとれば $\log_C z$ は主値 $\mathrm{Log}\, z$ に一致することを確かめよ．

　被積分関数の極 $\zeta = 0$ にぶつからない限り，積分路 C を連続的に変形していっても積分の値は変化しない．しかし一般には $\log_C z$ は C のとり方に依存する．例えば図6.3の2つの曲線 C と C_1 を比べて見よう．曲線 C は $\mathcal{D}_0$ に含まれるから $\log_C z = \mathrm{Log}\, z$ であるが，$C_1 C^{-1}$ は原点を正の向きに1周する曲線だから

$$\log_{C_1} z - \mathrm{Log}\, z = \oint_{C_1 C^{-1}} \frac{d\zeta}{\zeta} = 2\pi i.$$

一般に z を $\mathbb{C}\backslash\{0\}$ の中で動かしていくとき，積分路 C が原点を正または負の向きに1周するごとにそこでの留数が拾われて，もとの積分値に $+2\pi i$ または $-2\pi i$ が加えられていく．これが $\log z$ が多価になる理由である．領域 $\mathcal{D}_0$ に制限すれば分枝 $\mathrm{Log}\, z + 2n\pi i$ は n ごとにそれぞれ別個のものだが，解析接続によってこれらはすべてつながって，ワイエルシュトラスの意味で1つの解析関数 $\log z$ を作るのである．

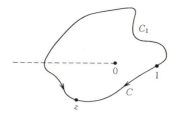

図 6.3 対数の多価性

関数要素というのは言ってみれば解析関数の細胞である．それがどこまで接続可能か，1価であるか多価になるか，といった情報は遺伝子コードとしてすべてそこに組み込まれている．しかし遺伝子の解読はベキ級数を眺めているだけでは難しい．対数関数の例のように，実際に解析接続を作るためには積分や関数方程式，鏡像の原理などとよばれる工夫が必要になる．

最後に1つ注意をしておこう．2つの関数要素 $g_0(z), h_0(z)$ がある多項式の関係

$$F(g_0(z), h_0(z)) = 0 \qquad (6.5)$$

を満たすものとし，それらが曲線 C にそって解析接続 $\{(g_t(z), D_t)\}_{0 \leq t \leq 1}$, $\{(h_t(z), D'_t)\}_{0 \leq t \leq 1}$ を持つものとしよう．関数関係不変の原理により(6.5)は t が十分小さければ $g_t(z), h_t(z)$ に対しても成立する．そこで一致の定理の証明と同様の議論をすれば，結局すべての t について(6.5)は正しいことがわかる．関数要素がいくつあっても，それらの微分が含まれていても議論はまったく同じである．すなわち，関数関係不変の原理は曲線に沿っての解析接続に対しても成立する．

§6.2 直観的リーマン面

リーマンは，解析関数を複素平面の領域上の多価関数と見る代わりに，その領域の「上に広がった面」の上の1価関数と考えた．この節では簡単な例を通じてリーマンのアイディアを紹介する．

(a) 平方根のリーマン面

まず最も簡単な多価関数として $\sqrt{z}$ をとり上げよう．考えやすくするため，ひとまず切れめを入れて領域 $\mathcal{D}_0 = \mathbb{C}\setminus(-\infty, 0]$ に制限する．$\sqrt{z}$ の2つの分枝を $\varphi_\pm(z) = \pm e^{\mathrm{Log}\, z/2}$ とすれば，切れめの上でそれら自身は不連続で，むしろ互いの相手と連続につながっていることがわかる（複号同順）：

$$\lim_{\varepsilon\downarrow 0}\varphi_\pm(x+i\varepsilon) = \pm i\sqrt{|x|} = \lim_{\varepsilon\downarrow 0}\varphi_\mp(x-i\varepsilon) \qquad (x<0).$$

いま領域 $\mathcal{D}_0$ の2つのコピー $\mathcal{D}_0^{(\pm)}$ を用意して，分枝 $\varphi_\pm(z)$ をそれぞれ $\mathcal{D}_0^{(\pm)}$ 上の関数と見よう．2つの分枝が同じ値を持つ $\mathcal{D}_0^{(+)}$ の上岸と $\mathcal{D}_0^{(-)}$ の下岸，$\mathcal{D}_0^{(-)}$ の上岸と $\mathcal{D}_0^{(+)}$ の下岸をそれぞれ貼りあわせ，面 $\mathcal{R}$ を作れば，$\sqrt{z}$ は $\mathcal{R}$ 上の1価関数と見なすことができる（図6.4）．$\mathcal{R}$ を $\sqrt{z}$ の**リーマン面**（Riemann surface）という．

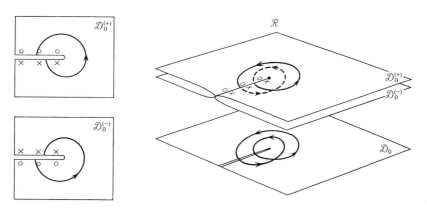

図 **6.4** 平方根のリーマン面

$\mathcal{D}_0$ の各点には，2つの分枝の値に応じて $\mathcal{R}$ 上のちょうど2点が対応する．図では切れめの上の点は重なって描かれているが，これは $\mathcal{R}$ を $\mathcal{D}_0$ 上にのっているように無理をして描いているためで，実際は切れめの上でも（$z=0$ を除いて）相異なる2点がのっている．z が原点のまわりを $\mathcal{D}_0$ 上で2周するとき，$\mathcal{R}$ 上では $\mathcal{D}_0^{(+)}$ からいったん次の「シート」$\mathcal{D}_0^{(-)}$ に乗り移り，再びはじ

めの「シート」$\mathcal{D}_0^{(+)}$ に戻ってくる(図 6.4). 原点をまわると「シート」の乗り換えがおこるので，$z=0$ を $\sqrt{z}$ の**分岐点**(ぶんきてん，branch point)という.

(b) 対数関数のリーマン面

同様の考え方で $\log z$ を扱うためには，$\mathcal{D}_0$ の無限個のコピー $\mathcal{D}_0^{(n)}$ を用意する必要がある. 各「シート」$\mathcal{D}_0^{(n)}$ は分枝 $\varphi_n(z) = \text{Log}\, z + 2n\pi i$ の定義域と見なす. 切れめの上の点 $z = x < 0$ では

$$\lim_{\varepsilon \downarrow 0} \varphi_n(x+i\varepsilon) = \log|x| + (2n+1)\pi i = \lim_{\varepsilon \downarrow 0} \varphi_{n+1}(x-i\varepsilon),$$

すなわち $\mathcal{D}_0^{(n)}$ の上岸と $\mathcal{D}_0^{(n+1)}$ の下岸で $\log z$ の値が一致している. そこでこれらを同一視して貼りあわせると，領域 $\mathcal{D}_0$ 上に広がったらせん階段のような面 $\mathcal{R}$ が得られる(図 6.5). これを $\log z$ のリーマン面という.

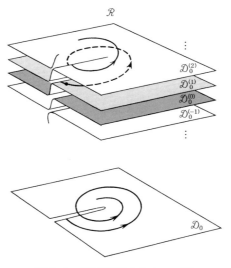

図 6.5 対数関数のリーマン面

一般の累乗関数 $z^\alpha = e^{\alpha \log z}$ に対しても，α が無理数ならばそのリーマン面の形は $\log z$ とまったく同じものになる. これに対して $\alpha = q/p$ (p, q は互い

に素で $p>0$)が有理数ならば z^α は p 価関数であって,「シート」の数は p 枚で済ませることができる.

(c) リーマン面の例

もう少し複雑な関数の例を考えてみよう.

例 6.2 $\sqrt{z}+\sqrt[3]{z-1}$ のリーマン面. 複素平面から切れめ $(-\infty, 0] \cup [1, \infty)$ を除くと, $\sqrt{z}, \sqrt[3]{z-1}$ は共に1価の分枝を持つ. $\omega = e^{2\pi i/3}$ とおけば上の関数のすべての分枝は

$$\pm\sqrt{z}+\sqrt[3]{z-1}, \qquad \pm\sqrt{z}+\omega\sqrt[3]{z-1}, \qquad \pm\sqrt{z}+\omega^2\sqrt[3]{z-1}$$

で尽くされ, これは6価関数である. そのリーマン面の接続状態を図6.6に示す. □

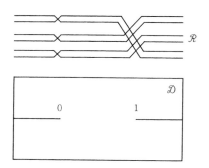

図 6.6 例6.2のリーマン面 $\mathcal{R}$ は領域 $\mathcal{D}$ を6重におおっている. 各「シート」の接続状態を模式的に描いた.

例 6.3 次の関数は $z=\pm 1, \pm k^{-1}$ に分岐点を持つが, どの点をまわっても全体の符号が変わるだけだから2価関数である.

$$\sqrt{(1-z^2)(1-k^2z^2)} \qquad (0<k<1). \tag{6.6}$$

例えば区間 $[-k^{-1}, -1] \cup [1, k^{-1}]$ に切れめを入れれば1価の分枝が定義される.

実は $z=\infty$ でも (6.6) は
$$\sqrt{(1-z^2)(1-k^2z^2)} = \pm kz^2\sqrt{(1-z^{-2})(1-k^{-2}z^{-2})}$$
$$= \pm kz^2\Big(1-\frac{1}{2}(1+k^{-2})\frac{1}{z^2}+\cdots\Big)$$

とローラン展開できるので，有理型関数としての意味をもっている．そこで (6.6) のリーマン面としては無限遠点をつけ加えて，切れめを入れた 2 つのリーマン球面を貼りあわせた方が自然である．出来上がったドーナツ型の面 (図 6.7) は**トーラス**(torus) とよばれる． □

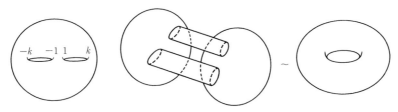

図 6.7 $\mathbb{P}^1$ に左図の切れめを入れたものを 2 つ貼り合わせると右図のトーラスができる．

(6.6) は方程式 $w^2=(1-z^2)(1-k^2z^2)$ の解として定まる多価関数である．一般に z の多項式 $p_j(z)$ を係数とする代数方程式
$$p_0(z)w^n+p_1(z)w^{n-1}+\cdots+p_n(z)=0$$
の根 w を z の関数と見たとき**代数関数**(algebraic function) と呼ぶ．有理関数はリーマン球面の上で考えるのが最も自然であった．それと同様に，代数関数はそのリーマン面の上の関数と見ることによってその本来の性質がよく理解できるのである．

§6.3　線形微分方程式とモノドロミー

(a)　線形微分方程式

解析関数の大事なクラスの 1 つに，微分方程式の解が挙げられる．未知関

134———第6章　解析関数

数 y に対する次の形の微分方程式を n 階の**線形微分方程式**（linear differential equation）という.

$$\frac{d^n y}{dz^n} + p_1(z)\frac{d^{n-1}y}{dz^{n-1}} + \cdots + p_n(z)y = 0.$$

話をはっきりさせるため，主に2階の方程式

$$\frac{d^2 y}{dz^2} + p(z)\frac{dy}{dz} + q(z)y = 0 \tag{6.7}$$

を考えることにしよう．係数 $p(z), q(z)$ は有理関数とする．点 $z = z_0$ が $p(z)$, $q(z)$ の少なくとも一方の極であるとき z_0 は(6.7)の**特異点**，それ以外のとき**通常点**であるという.

線形微分方程式(6.7)は次の基本性質を持っていることが知られている.

線形性　$y_1(z), y_2(z)$ が(6.7)の解ならば，1次結合 $C_1 y_1(z) + C_2 y_2(z)$ も解（C_1, C_2 は任意の定数）.

解の存在と一意性　通常点 z_0 の近傍では，任意の定数 c_0, c_1 に対して $y(z_0) = c_0, y'(z_0) = c_1$ となる正則関数解 $y(z)$ がただ1つ存在する.

解の接続可能性　(6.7)の特異点を $a_1, \cdots, a_N$ とするとき，(6.7)のすべての解は領域 $\mathbb{C} \backslash \{a_1, \cdots, a_N\}$ の中の任意の曲線に沿って解析接続できる.

最初の性質である線形性は，微分方程式(6.7)の形から明らかであろう．第2の性質によって，とくに解 $y_0(z), y_1(z)$ を次のように選ぶことができる.

$$y_0(z_0) = 1,\ y_0'(z_0) = 0, \qquad y_1(z_0) = 0,\ y_1'(z_0) = 1 \tag{6.8}$$

このとき任意の解 $y(z)$ は $y(z) = c_0 y_0(z) + c_1 y_1(z)$ $(c_0 = y(z_0), c_1 = y'(z_0))$ と一意的に表される．なぜなら $\tilde{y}(z) = c_0 y_0(z) + c_1 y_1(z)$ も $\tilde{y}(z_0) = c_0, \tilde{y}'(z_0) = c_1$ を満たす解であるから，一意性によって $y(z)$ と一致するはずだからである．線形代数学の言葉を使えば，いま述べた性質は「2階の線形微分方程式(6.7)の解全体の集合は2次元の線形空間になる」ということができる．（n 階の方程式ならば解全体は n 次元になる.）

解の存在と解析接続可能性の証明はここでは省略し，通常点において解を作る手続きについてだけ触れておこう．記号の簡単のため $z_0 = 0$ とし，係

数を $p(z) = \sum\limits_{n=0}^{\infty} p_n z^n$, $q(z) = \sum\limits_{n=0}^{\infty} q_n z^n$ とベキ級数展開する。解を級数の形に $y(z) = \sum\limits_{n=0}^{\infty} c_n z^n$ とおいて(6.7)に代入すれば，係数 c_n に対する次の漸化式が導かれる．

$$2c_2 + p_0 c_1 + q_0 c_0 = 0,$$
$$6c_3 + p_1 c_1 + 2p_0 c_2 + q_1 c_0 + q_0 c_1 = 0,$$
$$\cdots\cdots$$
$$n(n-1)c_n + \sum_{k=0}^{n-2} p_{n-2-k}(k+1)c_{k+1} + \sum_{k=0}^{n-2} q_{n-2-k}c_k = 0.$$

これから，c_0, c_1 を任意に与えて c_n $(n \geqq 2)$ を一意的に決めることができる．

問2 上の方法によって，$\nu \in \mathbb{C}$ をパラメータに持つ微分方程式

$$\frac{d^2 y}{dz^2} - \frac{2z}{1-z^2}\frac{dy}{dz} + \frac{\nu(\nu+1)}{1-z^2}y = 0$$

の $z=0$ における(6.8)の意味のベキ級数解 $y_0(z), y_1(z)$ を求めよ．

(b) モノドロミー行列

特異点を1周する曲線に沿って解析接続していくと，方程式(6.7)の解は一般に多価性を示す．例えば第2章で扱った簡単な例(2.25)

$$\frac{dy}{dz} = \frac{\alpha}{1+z}y \tag{6.9}$$

を考えてみよう．この方程式は $z=-1$ を特異点に持つ．通常点 $z=0$ での解 $y(z) = (1+z)^\alpha$ を $z=-1$ のまわりに正の向きに1周解析接続したものは次のように変化する：

$$y(z) \;\to\; y(z) \times e^{2\pi i \alpha}.$$

接続した結果はなぜもとの関数の定数倍になるのだろうか？　それは次の理由による．

（ⅰ）関数関係不変の原理から，解析接続した結果は再びもとの方程式(6.9)の解である．

（ⅱ）1階の方程式(6.9)の解の集合は1次元の線形空間である．言い換え

136──── 第6章　解析関数

れば，任意の解は 0 でない解の定数倍になる.

　この事情は一般の線形微分方程式についても同様である. 再び 2 階の方程式(6.7)を例にとり，その特異点を $a_1, \cdots, a_N$，また $\mathcal{D} = \mathbb{C} \setminus \{a_1, \cdots, a_N\}$ としよう. いま $\mathcal{D}$ の 1 点 z_0 を 1 つ決めて固定し，この点を始点とする $\mathcal{D}$ 内の閉曲線 γ に沿って解 $y(z)$ を解析接続したものを $y^\gamma(z)$ と記す. 上と同じ理由から，$y^\gamma(z)$ は再び z_0 の近傍での解である. (6.8)でとった解の組を $y_0(z), y_1(z)$ とすると，$y_0^\gamma(z), y_1^\gamma(z)$ は適当な定数 c_{ij}^γ によって

$$y_j^\gamma(z) = y_0(z)c_{0j}^\gamma + y_1(z)c_{1j}^\gamma \qquad (j = 0, 1)$$

と書けるはずである. 行列の記法を用いれば

$$(y_0^\gamma(z), y_1^\gamma(z)) = (y_0(z), y_1(z))M_\gamma, \qquad M_\gamma = \begin{pmatrix} c_{00}^\gamma & c_{01}^\gamma \\ c_{10}^\gamma & c_{11}^\gamma \end{pmatrix} \quad (6.10)$$

とまとめられる. すなわち，z_0 を始点とする $\mathcal{D}$ 内の各閉曲線 γ ごとに定数行列 M_γ が定まり，これらがすべてわかれば，微分方程式(6.7)の解が解析接続によってどう変化するかを完全に知ることができる. M_γ を微分方程式の(閉曲線 γ に付随した)**モノドロミー**(monodromy)**行列**と呼ぶ.

　その意味を考えれば，次の性質は直観的に納得できるだろう.

　（ⅰ）　M_γ は γ を $\mathcal{D}$ の中で連続的に変形しても変わらない.

　（ⅱ）　$M_{\gamma_1 \gamma_2} = M_{\gamma_1} M_{\gamma_2}$.

　（ⅲ）　$M_{\gamma^{-1}} = M_\gamma^{-1}$.

　いま z_0 を始点として，各特異点 a_j を 1 回だけ正の向きにまわり，他の特異点は中に含まないような曲線を γ_j としよう(図6.8). 直観的に明らかなように，どんな閉曲線 γ も $\mathcal{D}$ のなかで連続的に変形していけば，γ_j または γ_j^{-1} をいくつかつなげた曲線 $\gamma_{j_1}^{\pm 1} \cdots \gamma_{j_l}^{\pm 1}$ に変形できる. したがって微分方程式のモノドロミー行列は基本的な曲線 γ_j に対する行列 $M_j = M_{\gamma_j}$ を与えれば完全に決まる.

　例6.4

$$\frac{d^2 y}{dz^2} + \frac{1}{z}\frac{dy}{dz} = 0.$$

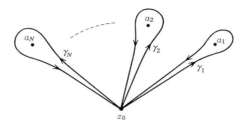

図 6.8 曲線 γ_j

$z=1$ における解として $y_0(z)=1$ および $y_1(z)=\mathrm{Log}\,z$ をとることができる. $z=0$ を正の向きに 1 周する曲線を γ とすると $y_0^\gamma(z)=1=y_0(z)$, $y_1^\gamma(z)=\mathrm{Log}\,z+2\pi i=2\pi i\times y_0(z)+y_1(z)$, したがって

$$M_\gamma = \begin{pmatrix} 1 & 2\pi i \\ 0 & 1 \end{pmatrix}.$$

□

例 6.5

$$\frac{d^2y}{dz^2}+\frac{z}{z^2-1}\frac{dy}{dz}=0.$$

$z=0$ における解として $y_0(z)=1$ と

$$y_1(z)=\arcsin z=\int_0^z \frac{d\zeta}{\sqrt{1-\zeta^2}}$$

がある. いま $z_0=0$ を始点として曲線 γ_1,γ_2 をとる(図 6.9). 切れめの外部で $y_i(z)$ は 1 価だから

$$M_{\gamma_1}M_{\gamma_2}=M_{\gamma_1\gamma_2}=\begin{pmatrix} 1 & 0 \\ 0 & 1 \end{pmatrix}$$

となるので, M_{γ_1} を求めればよい. そのため γ_1 を図 6.9 の $\tilde{\gamma}_1$ に変形して考える. 切れめの上岸で $\sqrt{1-\zeta^2}>0\,(-1<\zeta<1)$ となる分枝をとれば, 下岸では符号が逆になるから, 結局

$$y_1^{\gamma_1}(z)=\int_0^{-1}\frac{dx}{\sqrt{1-x^2}}-\int_{-1}^0\frac{dx}{\sqrt{1-x^2}}-y_1(z)$$
$$=-y_1(z)-2\int_0^1\frac{dx}{\sqrt{1-x^2}}=-y_1(z)-\pi$$

となる. よって
$$M_{\gamma_1} = \begin{pmatrix} 1 & -\pi \\ 0 & -1 \end{pmatrix} = M_{\gamma_2}^{-1}.$$
□

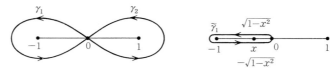

図 6.9 切れめ $[-1, 1]$ と曲線 γ_1, γ_2. 区間 $(-1, 0)$ において,$\sqrt{1-\zeta^2}$ は $\tilde{\gamma}_1$ の上岸で正,下岸で負の分枝をとる.

例 6.6 超幾何微分方程式
$$\frac{d^2 y}{dz^2} + \frac{c - (a+b+1)z}{z(1-z)} \frac{dy}{dz} - \frac{ab}{z(1-z)} y = 0 \qquad (6.11)$$
の 1 次独立な解の 1 組として,超幾何級数を使った
$$y_0(z) = F(a, b, c, z), \qquad y_1(z) = z^{1-c} F(a-c+1, b-c+1, 2-c, z)$$
がとれることが知られている (ただしこの $y_0(z), y_1(z)$ は (6.8) は満たしていない). 対応するモノドロミー行列は次のように計算されている. 始点を $-1 < z_0 < 0$ にとり,特異点 $z = 0, 1$ を正の向きに 1 周する曲線をそれぞれ γ_0, γ_1 とすれば
$$M_{\gamma_0} = \begin{pmatrix} 1 & 0 \\ 0 & e^{-2\pi i c} \end{pmatrix}, \qquad M_{\gamma_1} = P^{-1} \begin{pmatrix} 1 & 0 \\ 0 & e^{2\pi i (c-a-b)} \end{pmatrix} P,$$
ここに P はガンマ関数で表示される次の行列である.
$$P = \begin{pmatrix} \dfrac{\Gamma(c)\Gamma(c-a-b)}{\Gamma(c-a)\Gamma(c-b)} & \dfrac{\Gamma(2-c)\Gamma(c-a-b)}{\Gamma(1-a)\Gamma(1-b)} \\ \dfrac{\Gamma(c)\Gamma(a+b-c)}{\Gamma(a)\Gamma(b)} & \dfrac{\Gamma(2-c)\Gamma(a+b-c)}{\Gamma(a-c+1)\Gamma(b-c+1)} \end{pmatrix}.$$
□

残念ながら,(6.11) より複雑な方程式についてモノドロミー行列を具体的に決定することは一般には大変難しい.

─── リーマン–ヒルベルトの問題 ───

　関数の特徴はその特異点に最もよく現れる．そこで特異点の研究を通じて関数を捉えよう，というのがリーマンの基本的な考え方であったと思われる．線形微分方程式を与えると，その特異点ごとにモノドロミー行列が定まり，解の多価性は(6.10)で決まる．逆にある M_{γ_j} に対して性質(6.10)を満たす関数があるとしよう．このとき，各特異点における増大度に条件をつければ，それらは線形微分方程式を満たすことがリーマンによって示された．つまり粗っぽくいえば，線形微分方程式とそのモノドロミーは1対1に対応する．この対応がより正確なものであるためには次の問に答えねばならない：

　　　任意に与えられた可逆行列 $M_1, \cdots, M_N$ をモノドロミー行列とするような微分方程式は必ず存在するか？

　リーマンにはじまるこの問題は，1900年パリの国際数学者会議の際，ヒルベルト(Hilbert)によって20世紀の重要な問題の1つとして取り上げられた．以来これはリーマン–ヒルベルトの問題とよばれ，その後の多くの研究によってきわめて一般的な形で肯定的に解決されている．

《まとめ》

6.1　ベキ級数は解析接続によって大域的な解析関数を定める．後者は一般に多価関数になる．

6.2　多価関数はリーマン面に棲む1価関数と見るのが自然である．

6.3　微分方程式の解から多価関数が生じる．その多価性はモノドロミー行列で記述される．

─────── 演習問題 ───────

6.1　円弧 $z = e^{\pi i t}\ (0 \leqq t \leqq 2)$ に沿って関数要素 $(P_0(z), D_0) = (\mathrm{Log}\, z, D(1;1))$ の解析接続 $(P_t(z), D_t)$ を求めよ．

140———第6章　解析関数

6.2　$f(z) = \sum\limits_{n=0}^{\infty} z^{n!}$ とおく.

(1) $f(z)$ の収束半径は 1 であることを示せ.

(2) $z = re^{2\pi i q/p}$ (p, q は整数で $0 \leq q \leq p-1$) とおく. 実軸の区間 $0 < r < 1$ から $r \to 1$ とするとき, $f(z) \to \infty$ となることを証明せよ.

(3) $f(z)$ は $|z| < 1$ より大きい領域に解析接続することはできないことを示せ.

6.3　関数 $f(z)$ は $\operatorname{Re} z > 0$ で正則で $f(z+1) = zf(z)$ を満たすものとする. このとき $f(z)$ は全平面 $\mathbb{C}$ の有理型関数に解析接続できることを示せ.

6.4　線形微分方程式

$$\frac{d^2 y}{dz^2} + p(z)\frac{dy}{dz} + q(z)y = 0$$

を考える. 2 つの解 $y_1(z), y_2(z)$ に対して, $w(z) = y_1'(z)y_2(z) - y_1(z)y_2'(z)$ をそのロンスキアン (Wronskian) という.

(1) $w(z)$ の満たす 1 階の線形微分方程式を求めよ.

(2) 組 $(y_1(z), y_2(z))$ に関してある閉曲線 γ に沿うモノドロミー行列が M_γ であるとき, $w(z)$ の γ に沿う解析接続は $w(z) \times \det M_\gamma$ で与えられることを示せ.

付　録
優級数の方法

　級数 $f(z) = \sum_{n=0}^{\infty} a_n z^n$ に対して，非負の係数を持つ級数 $F(z) = \sum_{n=0}^{\infty} A_n z^n$ が条件 $|a_n| \leqq A_n$ $(n \geqq 0)$ を満たすとき $F(z)$ は $f(z)$ の**優級数**（majorant）であると言う．明らかに優級数 $F(z)$ が絶対収束すれば $f(z)$ 自身も絶対収束する．$f(z)$ の一般項 a_n を与える規則が複雑ですぐには収束がわからないような場合，収束する優級数をうまく見つけるという方法がしばしば威力を発揮する．ベキ級数の逆関数を例にとって優級数の使い方を紹介しよう．

§A.1　ベキ級数の合成

　この節では $f(z) = \sum_{n=1}^{\infty} a_n z^n$ を z の 1 次から始まる収束ベキ級数とする．いま $f(z)$ の累乗を展開して

$$f(z)^k = \sum_{n=k}^{\infty} p_n^{(k)} z^n = a_1^k z^k + \cdots \qquad (k = 1, 2, \cdots) \qquad (\mathrm{A.1})$$

とおけば，係数 $p_n^{(k)}$ は次の漸化式から決めることができる．

$$p_n^{(1)} = a_n \qquad (n \geqq 1), \qquad\qquad\qquad\qquad\qquad (\mathrm{A.2})$$
$$p_n^{(k)} = a_1 p_{n-1}^{(k-1)} + a_2 p_{n-2}^{(k-1)} + \cdots + a_{n-k+1} p_{k-1}^{(k-1)} \qquad (n \geqq k \geqq 2).$$

例えば n が偶数のとき $p_n^{(2)} = 2(a_1 a_{n-1} + \cdots + a_{n/2-1} a_{n/2+1}) + a_{n/2}^2$ である．漸化式（A.2）から帰納法によって，一般に，$p_n^{(k)} = p_n^{(k)}(a_1, \cdots, a_{n-k+1})$ は $a_1, \cdots, a_{n-k+1}$ の多項式で表され，しかもその**係数はすべて非負**であることがわかる．後者の性質から特に次の不等式が従う：

142———付録　優級数の方法

$$|p_n^{(k)}(a_1, \cdots, a_{n-k+1})| \leqq p_n^{(k)}(|a_1|, \cdots, |a_{n-k+1}|). \tag{A.3}$$

例 A.1　$f(z) = \dfrac{Mz}{R-z}$ のとき，$a_n = \dfrac{M}{R^n}$，$f(z)^k = \dfrac{M^k z^k}{(R-z)^k}$．このとき

$$p_n^{(k)}\Big(\frac{M}{R}, \cdots, \frac{M}{R^{n-k+1}}\Big) = \frac{M^k}{(k-1)!} \frac{n(n-1)\cdots(n-k+1)}{R^n}. \qquad \square$$

定理 A.2　収束ベキ級数 $f(z) = \sum\limits_{n=1}^{\infty} a_n z^n$ と $g(w) = \sum\limits_{k=0}^{\infty} b_k w^k$ との合成は，$z=0$ の近傍で収束する次のベキ級数展開を持つ：

$$g(f(z)) = \sum_{n=0}^{\infty} c_n z^n, \tag{A.4}$$

$$c_0 = b_0, \quad c_n = \sum_{k=1}^{n} b_k p_n^{(k)}(a_1, \cdots, a_{n-k+1}) \qquad (n \geqq 1).$$

[証明]　(A.4) は，2 重級数

$$b_0 + \sum_{k=1}^{\infty} b_k f(z)^k = b_0 + \sum_{k=1}^{\infty} b_k \sum_{n=k}^{\infty} p_n^{(k)}(a_1, \cdots, a_{n-k+1}) z^n$$

の和の順序を交換したものであるから，これが絶対収束であることを示せば定理は従う．まず $f(z), g(w)$ は収束ベキ級数だから，$|a_n|, |b_n| \leqq MR^{-n}$ $(n \geqq 1)$ となるように $M, R > 0$ を選ぶことができる．すると (A.3) によって，$|z| \leqq r < R$ なる限り

$$\sum_{n=k}^{\infty} |p_n^{(k)}(a_1, \cdots, a_{n-k+1}) z^n| \leq \sum_{n=k}^{\infty} p_n^{(k)}\Big(\frac{M}{R}, \cdots, \frac{M}{R^{n-k+1}}\Big)|z|^n$$

$$\leqq \Big(\sum_{n=1}^{\infty} M \frac{r^n}{R^n}\Big)^k = \Big(\frac{Mr}{R-r}\Big)^k.$$

ゆえに $r > 0$ を $K = Mr/(R-r) < R$ なるように小さくとれば，$|z| \leqq r$ において

$$\sum_{k=1}^{\infty} |b_k| \sum_{n=k}^{\infty} |p_n^{(k)}(a_1, \cdots, a_{n-k+1}) z^n| \leq \sum_{k=1}^{\infty} \frac{M}{R^k}\Big(\frac{Mr}{R-r}\Big)^k$$

$$= \sum_{k=1}^{\infty} M\Big(\frac{K}{R}\Big)^k < \infty$$

となって証明が終わる．　∎

§A.2 ベキ級数の逆関数

次の定理が目標である.

定理 A.3（逆関数の存在）　収束ベキ級数 $g(w) = \sum_{k=1}^{\infty} b_k w^k$ が条件

$$g'(0) = b_1 \neq 0$$

を満たすならば,

$$z = 0 \text{ の近傍で} \qquad z = g(f(z)), \qquad (\text{A.5})$$

$$w = 0 \text{ の近傍で} \qquad w = f(g(w)) \qquad (\text{A.6})$$

を満たす収束ベキ級数 $f(z) = \sum_{n=1}^{\infty} a_n z^n$ がただ 1 つ存在する.　　□

　証明の前に注意をしておこう. まず (A.5) を満たす $f(z)$ の存在を示せば十分である. 実際簡単にわかるように $a_1 = 1/b_1 \neq 0$ であるから, 今度は $g(z)$ としてその $f(z)$ をとれば, $w = 0$ の近傍で $w = f(\tilde{g}(w))$ が成り立つような収束ベキ級数 $\tilde{g}(w)$ が存在する. ところが $g(w) = g\big(f\big(\tilde{g}(w)\big)\big) = \tilde{g}(w)$ であるから, 実は同時に (A.6) も成り立つ.

　また定理 A.2 により (A.5) を満たす $f(z)$ の係数 a_n は次の漸化式に従う.

$$1 = b_1 a_1, \quad 0 = b_1 a_n + \sum_{k=2}^{n} b_k p_n^{(k)}(a_1, \cdots, a_{n-k+1}) \quad (n \geq 2). \quad (\text{A.7})$$

$b_1 \neq 0$ であるから a_n はこれによって一通りに決まってゆき, 一意性が言える. したがって問題は, こうして定まった級数 $\sum_{n=1}^{\infty} a_n z^n$ が正の収束半径を持つことに絞られる. 以下それを優級数の方法で証明する.

　[証明]　式を簡単にするため, 必要なら $g(w)$ を定数倍して $a_1 = b_1 = 1$ としよう. いま $|b_n| \leq B_n$ $(n \geq 1)$ となる B_n を 1 つとり（実際の選び方はあとで決める）, A_n を次の漸化式で定める.

$$A_1 = 1, \qquad A_n = \sum_{k=2}^{n} B_k p_n^{(k)}(A_1, \cdots, A_{n-k+1}) \quad (n \geq 2). \quad (\text{A.8})$$

このとき帰納法によって $|a_n| \leq A_n$ がすべての n で成立する. 実際この式が $n-1$ まで正しいならば, (A.7) と (A.3) を用いて

144———付録　優級数の方法

$$|a_n| = \left| \sum_{k=2}^{n} b_k p_n^{(k)}(a_1, \cdots, a_{n-k+1}) \right| \leqq \sum_{k=2}^{n} B_k p_n^{(k)}(A_1, \cdots, A_{n-k+1}) = A_n.$$

　ひとまず $F(z) = \sum_{k=1}^{\infty} A_k z^k$, $G(w) = \sum_{k=1}^{\infty} B_k w^k$ がともに収束するとしよう. このとき漸化式(A.8)は次のように翻訳される.

$$F(z) = z + \sum_{n=2}^{\infty} \sum_{k=2}^{n} B_k p_n^{(k)}(A_1, \cdots, A_{n-k+1}) z^n$$

$$= z + \sum_{k=2}^{\infty} B_k \sum_{n=k}^{\infty} p_n^{(k)}(A_1, \cdots, A_{n-k+1}) z^n$$

$$= z + G(F(z)) - B_1 F(z). \qquad (A.9)$$

さて $g(w)$ は収束ベキ級数であったから, 適当な $M, R > 0$ をとって $B_n = MR^{-n}$ と選ぶことができる. このとき $G(w) = Mw/(R-w)$ であり, (A.9) は

$$F(z) = z + \frac{MF(z)}{R-F(z)} - \frac{M}{R} F(z)$$

となる. $F(0) = 0$ のもとにこれを解けば

$$F(z) = \frac{R^2}{2(M+R)} \left(1 + \frac{z}{R} - \sqrt{\left(1 + \frac{z}{R}\right)^2 - 4\left(1 + \frac{M}{R}\right)\frac{z}{R}} \right)$$

を得る. ここで議論を逆にたどれば, $F(z)$ は確かに収束ベキ級数を与えており, 作り方から(A.9), したがって(A.8)が満たされる. ゆえに $f(z) = \sum_{n=1}^{\infty} a_n z^n$ は収束する優級数 $F(z)$ を持ち, それ自身収束することがわかった. ∎

現代数学への展望

　振り返ってみると，私たちの複素関数入門は期せずしてオイラーに導かれて進んできたような趣がある．しかしオイラーの数々の面白い発見は，複素関数論としては前史に属する．一般論が次第に形をなしてきたのは 19 世紀に入ってからである．その背景には楕円関数やモジュラー関数，超幾何関数などの新しい超越関数の神秘を解き明かそうとする努力があった．私たちははじめから完成された理論を学ぶので，ともすれば数学が作られていくときの姿を見失いがちである．19 世紀数学形成のドラマを追体験するために，参考書にあげた『近世数学史談』をぜひ一読していただきたい．

　最後に，これまで学んできた事柄がどんな方向へ発展してゆくのかについて少しだけ触れよう．

写像としての正則関数

　関数の概略をつかむにはそのグラフを描いて見るのがよい手がかりになる．あいにく複素関数は変数 z が 2 次元，関数のとる値 $w = f(z)$ も 2 次元の空間を動くので，3 次元の空間にグラフを描いて眺めるわけにはいかないが，色々な曲線がどう写されるかを追跡してみると大体の様子がわかる．図 1 は写像 $w = z + 1/z$ の様子を示す．

　図から，互いに直交する曲線の族（同心円の族および原点を通る直線の族）が，ふたたび直交する曲線の族（楕円の族と双曲線の族）に写されることが見てとれるだろう．一般に点 z_0 を通る 2 曲線は $w = f(z)$ によって $w_0 = f(z_0)$ を通る 2 曲線に写されるが，$f'(z_0) \neq 0$ ならば，それらの曲線のなす角度は不変に保たれる．これは正則関数による写像の基本性質で，**等角性**とよばれる．

　正則関数による写像によって，領域の形はどう変わりうるのだろうか．一

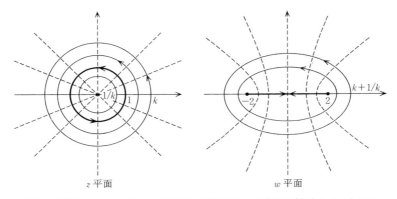

図1 写像 $w=z+1/z$. z 平面の単位円は w 平面の線分 $[-2,2]$ に2重に写る. 半径 $k, 1/k$ の円は楕円に, 原点を通る直線群は双曲線群に写される.

般に, 2つの領域 $\mathcal{D}_1, \mathcal{D}_2$ の間に, 全単射 $f:\mathcal{D}_1 \to \mathcal{D}_2$ であって f および逆写像がともに連続なものがあるとき, $\mathcal{D}_1, \mathcal{D}_2$ は**位相同型**であるという. 上でさらに $f(z)$ が正則ならば, 逆写像も自動的に正則になることが知られている. この場合2つの領域は**解析的に同型**であるという. 解析的に同型ならばもちろん位相同型であるが, 後者ははるかに寛大な概念である. 領域 $\mathcal{D}$ 内の任意の閉曲線が連続的に1点にまで変形できるとき $\mathcal{D}$ は**単連結**であるという($\mathcal{D}$ に「穴」のないことと思ってよい). 単連結という性質は位相同型で(したがって解析的同型で)不変である.

例 領域 $\{z \mid r < |z| < 1\}$ は単連結でないから単位円板 $\mathbb{D} = \{z \mid |z| < 1\}$ と位相同型ではない.

これに対し, 複素平面 $\mathbb{C}$ と $\mathbb{D}$ は位相同型である(同型を与える写像として, 例えば $w = z/(1+|z|)$ をとればよい). ところがこれらは解析的に同型ではない. 実際, $f:\mathbb{C} \to \mathbb{D}$ なる正則関数は全平面で有界だから, リウビルの定理によって定数しかあり得ない. □

実は次の事実が成り立つ.

リーマンの写像定理 領域 $\mathcal{D}$ が単連結で全平面 $\mathbb{C}$ とは異なるならば, $\mathcal{D}$ は単位円板 $\mathbb{D}$ と解析的に同型である. □

与えられた領域を簡単な領域に写す正則関数を作ることは，物理や工学の実際の問題にも重要な応用がある．2次元における静電気や流体の理論では，与えられた物体の境界が $u(x,y)=C$（C は定数）と表され，物体の外部でラプラス方程式 $\dfrac{\partial^2 u}{\partial x^2}+\dfrac{\partial^2 u}{\partial y^2}=0$ が満たされるような「ポテンシャル」$u(x,y)$ を決めることが問題になる．正則関数の実部・虚部はそれぞれラプラス方程式を満たすので，ポテンシャルの問題が正則関数の問題に言い換えられるのである．この主題は，さらに一般の楕円型偏微分方程式の境界値問題へとつながっていく（このシリーズの『熱・波動と微分方程式』を参照）．

なお $f(z)=z^2+c$ のようなきわめて簡単な写像でも，これを繰り返していくと点列 $z_n=f(z_{n-1})$ の振る舞いは出発点 z_0 によって恐ろしく複雑に変化しうる．そのありさまは，コンピュータ・グラフィックスによって気軽に楽しむことができるようになった（『フラクタルの美——複素力学系のイメージ』H.-O. パイトゲン・P. H. リヒター，宇敷重広訳，シュプリンガー東京，1988）．

複素多様体

第6章で触れたリーマン面は，多価関数を見やすくするための便宜的な工夫のように見えたかもしれない．事実はむしろ逆であって，物事の本質はリーマン面にあり，その上に棲む関数の本性がリーマン面の図形的性質によって決定されるのである．関数から離れてそれ自身としてのリーマン面は，複素平面のいくつかの領域 $\mathcal{D}_j$ を正則な座標変換によって貼りあわせた図形（**1次元複素多様体**とよぶ）として定義される．

例をあげよう．複素平面 $\mathbb{C}$ の2枚のコピー U,V を用意し，$z\in U$ と $w\in V$ とが関係式 $zw=1$ を満たすときに同じ点を表すものと定める．$w\neq 0$ なる点は $z=1/w\in U$ で代表されるから，集合 $U\cup V$ でこの同一視を行なったものは $U=\mathbb{C}$ に無限遠点 $w=0$（$z=\infty$）をつけ加えて作ったリーマン球面 $\mathbb{P}^1$ と同じものであることがわかる．例6.3 に出てきたトーラスは，$\mathbb{P}^1$ に次いで簡単なリーマン面の例である．

領域と同様に，リーマン面の間にも位相同型・解析的同型の概念を考える

ことができる．一般に「コンパクト」なリーマン面は，位相同型で分類すると，g 個の穴を持つドーナツ面のいずれかになることがわかっている．g をリーマン面の**種数**と言う．種数 0 のリーマン面が $\mathbb{P}^1$，種数 1 のリーマン面がトーラスである（図 2）．

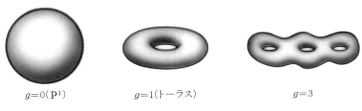

図 2　種数 g のリーマン面

　リーマン面の定義において，複素平面の領域を n 次元の複素空間 $\mathbb{C}^n$ の領域で置き換えれば，n 次元複素多様体が定義される．特に複素 2 次元のコンパクトな複素多様体については，小平邦彦に始まる深い研究がなされている．

　位相同型ではリーマン面は整数 g だけで決まったが，解析的同型で分類すると，$g=1$ のときは 1 個，$g \geqq 2$ ときは $3g-3$ 個の，モジュライとよばれる複素パラメータが必要になる．これらのパラメータ，いいかえれば種数の決まったリーマン面全体は，自然に高次元の複素多様体を作っている．著者には詳しいことはわからないが，このモジュライの空間の研究は素粒子の紐模型や整数論の問題など最先端の話題に結びついているという．

多変数の理論

　高次元の話に先走ってしまったが，それでは多変数の複素解析関数はどんな姿をしているのだろうか．多変数のベキ級数の扱いは 1 変数と大体同じようにできるので，1 点の近くでの正則関数についてはそう変わったことはおこらない．しかし大域的な問題になると，1 変数の場合にはなかった様々な新しい現象と困難が生じる．

　例えば 1 変数の場合，複素平面の勝手な領域 $\mathcal{D}$ を与えると，$\mathcal{D}$ 上では正則だがその外には決して解析接続できないような関数が存在することが知ら

現代数学への展望―――149

れている。ところが2変数以上になると，ある種の領域に対してはそこで正
則なすべての関数が一斉に真に大きい領域まで解析接続されてしまうことが
起こる.

　岡潔は一生をかけた仕事によって，多変数の複素関数論における当時未解
決であった中心問題のすべてに解答を与え，この分野に決定的な進展をもた
らした。これについては巻末の文献を見ていただきたい.

　この他にも，素数の神秘がゼータ関数などの正則関数の深い性質に反映し
(本シリーズ『数論入門』)，実関数の深い結果がしばしば複素関数論を用い
て得られるなど，複素関数は数学のあらゆる分野に顔を出す。読者のさらな
る健闘を期待して，複素関数入門はここで終わることにしよう.

参 考 書

1. 高木貞治, 近世数学史談, 岩波文庫, 1995.

大数学者らによって 19 世紀の数学が作られていく過程を生き生きと描いた名著である. 全般を通じて, まず一読を勧めたい.

複素数や複素関数とはどんなものなのか, さらにじっくりと考えてみたい人には

2. 志賀浩二, 複素数 30 講, 朝倉書店, 1989.

がよい助けになるだろう.

この巻の程度から少し進んで, 系統的に複素関数論を学ぶ読者のために, 多くの教科書の中から次の 2 つを挙げておきたい.

3. L. V. Ahlfors, *Complex analysis*, 2nd ed., McGraw-Hill, 1966. (邦訳)笠原乾吉訳, 複素解析, 現代数学社, 1982.

4. 高橋礼司, 新版 複素解析, 東京大学出版会, 1990.

このほかに本シリーズに続くものとして

5. 藤本坦孝, 複素解析(岩波講座現代数学の基礎), 岩波書店, 1996.

がある.

最後の章で触れたリーマン面を勉強してみたい人は, 代数曲線の幾何学の立場から読みやすく書かれた

6. 上野健爾, 代数幾何入門, 岩波書店, 1995.

7. P. A. Griffiths, *Introduction to algebraic curves*, Translation of Mathematical Monographs 76, American Mathematical Society, 1989.

などにあたって, 巻末の文献に進むとよいだろう. 本格的に勉強するためには古典としての風格をそなえた名著

8. 岩澤健吉, 代数函数論(増補版), 岩波書店, 1973.

がある.

テータ関数や楕円関数については

9. A. フルヴィッツ・R. クーラント, 足立恒雄・小松啓一訳, 楕円関数論, シュプリンガー東京, 1991.

10. 竹内端三，楕円函数論，岩波書店，1936.

がまとまっていて読みやすい．次の本は古典的スタイルで書かれた有名な教科書であるが，楕円関数をはじめ，いわゆる「特殊関数」の豊富な具体例が挙げられている．

11. E. T. Whittaker and G. N. Watson, *A course of modern analysis*, 4th ed., Cambridge Univ. Press, 1935.

複素領域における線形微分方程式については

12. 福原満洲雄，常微分方程式（第2版），岩波書店，1980.

13. K. Iwasaki, H. Kimura, S. Shimomura and M. Yosida, *From Gauss to Painlevé*, Vieweg, 1991.

などを参照されたい．後者にはガウスの超幾何関数についてさまざまな側面からの解説がある．

多変数の複素関数論を本格的に学ぶための日本語の本としては

14. 一松信，多変数解析関数論，培風館，1960.

15. L. ヘルマンダー，笠原乾吉訳，多変数複素解析学入門，東京図書，1973.

などがある．また

16. 金子晃，超函数入門（上（第2版）・下），東京大学出版会，1990，1982.

によって，多変数関数論を学びつつ佐藤超関数に挑戦してみるのも面白いかもしれない．

時には気ままにページをくってあれこれに思いを馳せ，数学が楽しめる本もよいだろう．

17. 久賀道郎，ガロアの夢——群論と微分方程式，日本評論社，1968.

18. 難波誠，複素関数三幕劇，朝倉書店，1990.

前者は線形微分方程式に対するガロアの理論が素材であるが，著者の人柄の魅力にあふれている．後者は楕円関数・モジュラー関数・超幾何関数などさまざまな特殊関数の織りなす世界をバレーに仕立てて語っている．

153

問 解 答

第 1 章

問 4 (1) $e^{-\pi i/3}$　(2) $16\sqrt{2}\,e^{3\pi i/4}$　(3) $2^{(n+2)/2}|\cos n\pi/4|e^{\pi i}$ ($n \equiv \pm 3, 4 \mod 8$ のとき), $2^{(n+2)/2}\cos n\pi/4$ (それ以外のとき)

問 6 $|z|=1$ より極形式は $e^{i\theta}$ の形. $e^{in\theta}=1$ を解けば $\cos n\theta=1$ かつ $\sin n\theta=0$ より $\theta=2k\pi/n$ ($k=0,1,\cdots,n-1$), よって $z=\omega^k$ ($\omega=e^{\frac{2\pi i}{n}}$, $0 \le k \le n-1$).

第 2 章

問 2 α または β が 0 以下の整数ならば収束半径は ∞, それ以外のときは 1.

問 3 収束半径は ∞.

問 7 漸化式 $P_n(x)-2xP_{n-1}(x)+P_{n-2}(x)=0$ と $P_0(x)=1$, $P_1(x)=2x$ より $P_2(x)=4x^2-1$, $P_3(x)=8x^3-4x$, $P_4(x)=16x^4-12x^2+1$, $P_5(x)=32x^5-32x^3+6x$. なお $P_n(\cos\theta)=\sin(n+1)\theta/\sin\theta$ である.

問 9 $z=x+iy$ なら $|\sin z|=|e^{ix-y}-e^{-ix+y}|/2=e^y|1-e^{2ix-2y}|/2$ だから, $y\to\infty$ のときこれは $e^y/2$ 程度に急速に増大する.

問 10 $e^{iz}=e^{-iz} \Longleftrightarrow e^{2iz}=1$ より $z=n\pi$ ($n\in\mathbb{Z}$) すなわち実数の零点でつきる.

問 11 $i^i=e^{i\log i}=e^{i(\pi i/2+2n\pi i)}=e^{-\pi/2-2n\pi}$ ($n\in\mathbb{Z}$).

問 12 $e^{\pm\pi i\alpha}|x|^\alpha$.

第 3 章

問 2 $f(z)=u(x,y)+iv(x,y)$, $\overline{f(\bar{z})}=U(x,y)+iV(x,y)$ とおけば, $U(x,y)=u(x,-y), V(x,y)=-v(x,-y)$. これより

$$\frac{\partial}{\partial y}U(x,y)=-\frac{\partial u}{\partial y}(x,-y)=\frac{\partial v}{\partial x}(x,-y)=-\frac{\partial}{\partial x}V(x,y).$$

同様にしてコーシー–リーマンの関係式が確かめられる.

問 4 $\partial^2 u/\partial x^2=0$ より $n=0$ ($f(z)=1+iC$) または $n=1$ ($f(z)=z+iC$), ただし C は実定数.

問 5 $z=x+iy$ として, (1) 正則でない. (2) z^2+3z と書けるので正則. (3)

154──── 問 解 答

$1/(z+1)+(k-1)/(z+1)(\bar{z}+1)$ と書けるから $k=1$ の場合のみ正則.

問 6 (1) 0 (2) 1 (3) 2

第 4 章

問 1 (1) $z^{-3}-(1/3)z^{-1}$ (2) $(1/8)(z-1)^{-3}+(1/16)(z-1)^{-2}-(1/16)(z-1)^{-1}$

問 2 とり方の一例として：(1) $z_n=1/n$ (2) $z_n=-1/n$ (3) $\alpha=e^\beta$ となる β をとり $z_n=1/(\beta+2n\pi i)$.

問 3 (1) 極 $2n\pi i$, 留数 $2n\pi i$ $(n\in\mathbb{Z}, n\neq0)$ (2) 極 $n\pi i$ $(n\in\mathbb{Z})$, 留数 0

第 5 章

問 1 無限積 (5.12) で z を $2z$ に置き換え，n が偶数と奇数の場合に分けて書けば

$$\sin 2\pi z = 2\pi z \prod_{n=1}^\infty \left(1-\frac{4z^2}{n^2}\right) = 2\pi z \prod_{n=1}^\infty \left(1-\frac{z^2}{n^2}\right) \prod_{n=1}^\infty \left(1-\frac{4z^2}{(2n-1)^2}\right).$$

この両辺を (5.12) で割ればよい.

第 6 章

問 2 $(a)_n=a(a+1)\cdots(a+n-1)$ として

$$y_0(z) = \sum_{n=0}^\infty \frac{((\nu+1)/2)_n(-\nu/2)_n}{n!(1/2)_n} z^{2n},$$

$$y_1(z) = \frac{1}{2} \sum_{n=0}^\infty \frac{((\nu+2)/2)_n(1-(\nu/2)_n}{n!(1/2)_{n+1}} z^{2n+1}.$$

155

演習問題解答

第1章

1.1 $k=1$ ならば α と β から等しい距離にある点の軌跡だから，両者を結ぶ線分の垂直2等分線．$k \neq 1$ の場合は $k^2|z-\alpha|^2 = |z-\beta|^2$ を変形して $\left| z - \dfrac{k^2\alpha-\beta}{k^2-1} \right|^2 = \dfrac{k^2|\alpha-\beta|^2}{(k^2-1)^2}$ と書けるから，中心 $(k^2\alpha-\beta)/(k^2-1)$，半径 $k|\alpha-\beta|/|k^2-1|$ の円周を表す（アポロニウスの円）．

1.2 計算すれば

$$|w|^2-1 = \frac{2i(z-\bar{z})}{|z+i|^2} = -4\frac{\mathrm{Im}\,z}{|z+i|^2}$$

からわかる．幾何学的には $|w|<1$ は 点 z と i の距離が $-i$ との距離より近いことを示すから z の虚部が正であることと同値．

1.3 $z=a+ib$, $z+w=c+id$ とすれば問題の面積は $(ad-bc)/2 = \mathrm{Im}\,\bar{z}(z+w)/2 = \mathrm{Im}\,(\bar{z}w/2)$ の絶対値．

1.4 絶対値は $1/\sqrt{R^2+r^2-2Rr\cos(\varphi-\theta)}$，実部は $(R\cos\varphi-r\cos\theta)/(R^2+r^2-2Rr\cos(\varphi-\theta))$．

1.5 $j^2=a+bi+cj$ と表せば j は複素数を係数とする2次方程式の根ということになるから，それ自身複素数となる．これは表示の一意性に矛盾する．

1.6 $|\bar{\alpha}z-1|^2-|z-\alpha|^2 = (1-|\alpha|^2)(1-|z|^2)$ から明らか．

1.7 $z=0$ のときは明らか．$0<|z|<1$ のときは

$$\sum_{n=1}^{N-1} \frac{z^{n-1}}{(1-z^n)(1-z^{n+1})} = \sum_{n=1}^{N-1}\left(\frac{1}{1-z^n} - \frac{1}{1-z^{n+1}} \right)\frac{1}{z(1-z)}$$
$$= \frac{1}{z(1-z)}\left(\frac{1}{1-z} - \frac{1}{1-z^N} \right)$$

からわかる．$|z|>1$ のとき $z=1/w$ とおけば，$z^{n-1}/(1-z^n)(1-z^{n+1}) = w^{n+2}/(1-w^n)(1-w^{n+1})$ によって前半に帰着する．

第2章

2.1 収束半径は(1) 4, (2) 1, (3) 1, (4) 1.

156——— 演習問題解答

2.2 級数 y を微分方程式に代入して係数を比較すれば漸化式 $(n+1)(n+\gamma)c_{n+1}-(n+\alpha)(n+\beta)c_n=0$ が得られる．これを $c_0=1$ の下に解けば超幾何級数(2.17)となる．

2.3 $zd^2y/dz^2+(\gamma-z)dy/dz-\alpha y=0$.

2.4 （1）略．（2）（1）を使って $c_1=1$, $c_2=2$, $c_3=3^2$, $c_4=4^3$, $c_5=5^4$. 一般項は $c_n=n^{n-1}$.（コーシーの積分公式で c_n を表示し，w 積分を z 積分に直すことによって示される．Pólya and Szegö, *Problems and theorems in analysis* I, Springer-Verlag, 1970, p. 146, 問題 207 参照.）

2.7 (2.31)で $2\cot 2z=\cot z-\tan z$ を利用する．

2.8 （1）両辺とも $\mathbb{C}\backslash(-\infty,1]$ では 1 価正則であって $z=2$ では同じ値 $\log 2$ を持つから一致する．（2）$0<x<1$ のとき $\varphi(x)=-1$，その他では 0．

2.9 実部は $\mathrm{sgn}(x)\pi/2+2n\pi$，虚部は $\log|x\pm\sqrt{x^2-1}|$. ただし $\mathrm{sgn}(x)=1$ $(x>0)$, $\mathrm{sgn}(x)=-1$ $(x<0)$ とおく．

第3章

3.1 （1）$x=(z+\bar{z})/2$, $y=(z-\bar{z})/2i$ を代入すると $u(x,y)=(1/2)((1-i)z^3+(1+i)\bar{z}^3)=\mathrm{Re}\,(1-i)z^3$ と書ける．よって $f(z)=(1-i)z^3+iC$ （C は実定数）．あるいは虚部 $v(x,y)$ に対しコーシー–リーマンの関係式から $\partial v/\partial x=-3x^2+6xy+3y^2$, $\partial v/\partial y=3x^2+6xy-3y^2$ を導きこれを解いてもよい．

（2）$\sin x=\sin((z+\bar{z})/2)=2\mathrm{Re}\,\sin(\bar{z}/2)\cos(z/2)$，また $\cosh y-\cos x=\cos iy-\cos x=-2\sin((iy+x)/2)\sin((iy-x)/2)=2\sin(z/2)\sin(\bar{z}/2)$. ゆえに $u(x,y)=\mathrm{Re}\,\cos(z/2)/\sin(z/2)$ となり $f(z)=\cot(z/2)+iC$.

3.2 （1）$ab/(a^2\cos^2\theta+b^2\sin^2\theta)$. （2）$2abI=\displaystyle\int_0^{2\pi}\mathrm{Im}\,\frac{dz}{z}=\mathrm{Im}\oint_C\frac{dz}{z}$ ただし C は楕円 $x^2/a^2+y^2/b^2=1$ に正の向きをつけたもの．積分路を変形して円周にすれば，$2abI=2\pi$ を得る．

3.3 （1）被積分関数 $g(t,x,y)=f(t)/(t-x-iy)$ は $x+iy\notin[a,b]$ で微分可能で $\partial g/\partial x$ などは t について連続であるから，微分と積分の順序交換が許される．$\partial g/\partial\bar{z}=0$ だから $\partial F/\partial\bar{z}=0$ が成り立つ．

（2）$r>0$ を十分小とし，積分路を x $(a<x<b)$ の近くで下半平面に少し曲げる．すなわち線分 $a\leqq t\leqq x-r$，半円 $x+re^{i\theta}$ $(-\pi\leqq\theta\leqq 0)$，線分 $x+r\leqq t\leqq b$ をつなげて C_x^- とすれば

$$\lim_{\varepsilon \downarrow 0} F(x+i\varepsilon) = \int_{C_x^-} \frac{f(t)}{t-x} dt.$$

$F(x-i\varepsilon)$ については上半平面に曲げた C_x^+ をとればよい. さらに $(C_x^+)^{-1} C_x^-$ は正の向きの円周 $|t-x|=r$ であるから

$$\lim_{\varepsilon \downarrow 0}(F(x+i\varepsilon) - F(x-i\varepsilon)) = \int_{|t-x|=r} \frac{f(t)-f(x)}{t-x} dt + f(x) \int_{|t-x|=r} \frac{1}{t-x} dt$$

となる. 第1項の被積分関数は t の多項式だから積分は 0, 第2項の積分は $2\pi i$.

第4章

4.1 (1) 定義から $M(r_1) \leqq M(r_2)$ $(r_1 < r_2)$ は自明. 等号が成立すると, 最大値の原理から $f(z)$ は定数でなければならない. (2) (4.5) で $z=c=0$ とすれば

$$|a_n| = \left| \oint_{|\zeta|=R} \frac{f(\zeta)}{\zeta^{n+1}} \frac{d\zeta}{2\pi i} \right| \leqq \int_0^{2\pi} \frac{M(R)}{R^{n+1}} \frac{Rd\theta}{2\pi}.$$

4.2 帰納法によって, たとえば $c_n \leqq 2^n$ であることはすぐにわかるから, $f(z)$ は収束ベキ級数である. 漸化式から

$$f(z) = 1+z+ \sum_{n=2}^{\infty} (c_{n-1}+c_{n-2})z^n$$

$$= 1+z+z \sum_{n=1}^{\infty} c_n z^n + z^2 \sum_{n=0}^{\infty} c_n z^n$$

$$= 1+z+z(f(z)-1)+z^2 f(z).$$

よって $f(z) = 1/(1-z-z^2)$ である. 分母が 0 になる点は $z = (-1 \pm \sqrt{5})/2$ であるから, $z=0$ に近い方との距離 $\rho = (-1+\sqrt{5})/2$ が収束半径を与える.

4.3 (1) $\sin z - \tan z = -z^3/2 - \cdots$ から $z=0$ は 2 位の極. $f(z)$ は偶関数だから, そのローラン展開は z の奇数ベキを含まず, したがって留数は 0.

4.4 (1) $1/(z-1)+(2/3) \sum_{n=0}^{\infty} (-1/3)^n (z-1)^n$ (2) $z^{\pm n}$ $(n \in \mathbb{Z}, n \geqq 0)$ の係数は $\sum_{m=0}^{\infty} x^{2m+n}/(m!(m+n)!)$.

4.6 $dz/z = 2id\theta$, $\sin^2 \theta = (1-\cos 2\theta)/2$ を代入し整理すると左辺の積分 I は

$$I = \oint_{|z|=1} \frac{2ia}{z^2-(4a^2+2)z+1} dz.$$

ここで分母の零点を α, β $(|\alpha| < 1 < |\beta|)$ とおいて留数をとれば $I = 2\pi i \times 2ia/(\alpha-\beta)$. 2 次方程式を解いて $\alpha-\beta = -4a\sqrt{1+a^2}$ を得る.

158―――演習問題解答

4.7 例 4.37 により右辺は $\mathbb{C}\setminus[a,b]$ で正則である．また左辺は同じ領域で正則である（第 3 章演習問題を参照）．特に z が実数で $z>b$ ならば直接計算して両辺は等しい．ゆえに一致の定理から $\mathbb{C}\setminus[a,b]$ で等しい．

4.8 （1）コーシーの積分定理により

$$f(x) = \oint_C \frac{f(\zeta)}{\zeta-x} \frac{d\zeta}{2\pi i} \qquad (a \leqq x \leqq b).$$

この両辺を x について積分し，積分の順序を交換して（本シリーズ『微分と積分 2』第 1 章）前問を利用する．（2）（1）において積分路 C を $|z|=R$（R は十分大）に変形する．この過程で留数を拾ったものが右辺．また次数に関する仮定から $R \to \infty$ で積分は 0 になる．（3）$(\log 2 + \pi/\sqrt{3})/3$．

4.9 $f(z)$ を互いに素な多項式の比 $Q(z)/P(z)$ に表す．仮定から $Q(z), P(z)$ の少なくとも一方は定数でない．$w \neq \infty$ のとき $f(z)=w$ は $Q(z)-wP(z)=0$ と書ける．$w=0$ かつ $Q(z)$ が定数の場合を除くと左辺の多項式は定数でないから，必ず根がある．$w=0$ かつ $Q(z)$ が定数なら $P(z)$ は定数でないから $z=\infty$ は $f(z)=0$ の根である．$w=\infty$ のときは $1/f(z)$ に今までの議論を用いればよい．

4.10 （1）2 点 $z=\pm 1$ からの距離を考えれば，$\mathrm{Re}\, z>0$ は $|z-1|<|z+1|$ と同値である．（2）整関数 $f(z)$ がつねに $\mathrm{Re}\, f(z)>0$ を満たすとき，$g(z)=(f(z)-1)/(f(z)+1)$ は $|g(z)|<1$ を満たす整関数になり，リウビルの定理により定数である．したがって $f(z)=(1+g(z))/(1-g(z))$ もまた定数に等しい．

第 5 章

5.1 $f(\zeta)=\pi/(\zeta-z)\sin\pi\zeta$ に対して (5.4) の証明と同じ方法を使えばよい．

5.2 （1）$f_N(z)=e^{\gamma z}z\prod_{n=1}^{N}\left(1+\frac{z}{n}\right)e^{-z/n}$ とおけば明らかに $\overline{f_N(z)}=f_N(\bar{z})$ だから $N \to \infty$ とすればよい．（2）相補公式と（1）を合わせれば

$$|\Gamma(iy)|^2 = \Gamma(iy)\Gamma(-iy) = \frac{\pi}{-iy\sin\pi iy}.$$

5.3 （1）対数微分の公式を無限積 (5.14) に適用すればよい．（2）（1）をもう一度微分して得られる．

5.4 どちらの積も $|q|<1$ で絶対収束する．$f(q)=F(q)/B(q)$ が 1 であることを示したい．$F(q)=\prod_{n=1}^{\infty}(1+q^{2n-1})(1+q^{2n})$ とも書けるから，

$$f(q) = \prod_{n=1}^{\infty}(1-q^{2n-1})(1+q^{2n-1})(1+q^{2n})$$

$$= \prod_{n=1}^{\infty} (1 - q^{4n-2}) \prod_{n=1}^{\infty} (1 + q^{2n})$$

$$= f(q^2).$$

これを繰り返して $f(q) = f(q^2) = \cdots = f(q^{2^n}) = \cdots$. $n \to \infty$ とすれば $f(q) = f(0) = 1$.

5.5 （1）命題 5.14 の証明にならって，評価式

$$\left| n \log\left(1 - \frac{z}{n}\right) - n \log\left(1 + \frac{z}{n}\right) + 2z \right| \leqq 2n \sum_{k=1}^{\infty} \left(\frac{|z|}{n}\right)^{2k+1} = \frac{2|z|^3}{n^2} \frac{1}{1 - |z|^2/n^2}$$

を導け．（2）対数微分して(5.4)を適用すれば最初の式を得る．第 2 式も両辺の対数微分を比較して示される．

第 6 章

6.1 $P_t(z) = it + \sum_{n=1}^{\infty} (-1)^{n-1} (e^{-\pi i t} z - 1)^n / n$, D_t として $D(e^{\pi i t}; 1)$ をとることができる．

6.2 （1）略．（2）和を 2 つに分けて

$$f(z) = \sum_{n=0}^{p-1} z^{n!} + \sum_{n=p}^{\infty} z^{n!} = f_1(z) + f_2(z)$$

とおく．$f_1(z)$ は多項式だから $\lim_{z \to 1} f_1(z)$ は確定する．また $n \geqq p$ ならば $n!$ は p の倍数だから $z = re^{2\pi i q/p}$ のとき $f_2(z) = f_2(r) = \sum_{n=p}^{\infty} r^{n!}$ は $r \to 1$ で ∞ に発散する．（3）$f(z)$ が $|z| < 1$ より真に大きい領域に解析接続できるならば，$|z| = 1$ 上のある点を中心とする円板で正則になるはずである．ところがこのような円板内には必ず $a = e^{2\pi i q/p}$ の形の点が存在し，（2）によって $z = a$ で $f(z)$ は正則ではあり得ないから矛盾である．

6.3 正の整数 N を 1 つとって，$\operatorname{Re} z > -N$ における有理型関数 $f_N(z)$ を

$$f_N(z) = \frac{1}{z(z+1)\cdots(z+N-1)} f(z+N)$$

で定める．仮定より $\operatorname{Re} z > -M$, $N > M$ ならば $f(z+N) = (z+N-1)\cdots(z+M) \times f(z+M)$ であるから $f_M(z) = f_N(z)$. 同じ論法で $\operatorname{Re} z > 0$ ならば $f_N(z) = f(z)$ である．ゆえに N のとり方によらずに全平面で定義された有理型関数が定まり，$f(z)$ の解析接続を与える．

6.4 （1）直接微分して方程式を用いると

160——演習問題解答

$$w'(z) = (-p(z)y_1'(z) - q(z)y_1(z))y_2(z) - y_1(z)(-p(z)y_2'(z) - q(z)y_2(z)).$$

これより $dw/dz + p(z)w = 0$. (2) 行列 $Y(z) = \begin{pmatrix} y_1'(z) & y_2'(z) \\ y_1(z) & y_2(z) \end{pmatrix}$ を用いると $w(z) =$ $\det Y(z)$. モノドロミー行列の定義から $Y(z)$ の解析接続は $Y^\gamma(z) = Y(z)M_\gamma$ で与えられるから, 両辺の行列式をとればよい.

索　引

ア 行

アーベルの変形法　*19*
アポロニウスの円　*155*
位相同型　*146*
一意接続の原理　*41*
1次分数変換　*100*
一様収束　*61*
一致の定理　*40*
因数定理　*37*
円・円対応　*101*
オイラーの定数　*115*

カ 行

開円板　*39*
開集合　*39*
解析接続　*41*
　　曲線に沿う――　*126*
　　対数関数の――　*127*
解析的　*39*
　　――に同型　*146*
関数関係不変の原理　*42*
関数要素　*126*
完備性　*11*
ガンマ関数　*114*
幾何級数　*12*
擬周期性　*121*
逆3角関数　*23, 46*
極　*84*
極形式　*7*
虚軸　*5*
虚数　*2*
虚数単位　*1*

虚部　*2*
切れめ　*44*
近傍　*39*
区分的に滑らか　*58*
グリーンの公式　*64*
係数比判定法　*20*
広義一様収束　*105*
合流型超幾何級数　*24*
コーシー–アダマールの公式　*21*
コーシーの係数評価　*102*
コーシーの積分公式
　　――（一般の場合）　*77*
　　――（円の場合）　*73*
コーシーの積分定理　*66*
コーシーの判定条件　*11*
弧状連結　*39*
コーシー–リーマンの関係式　*54*
孤立特異点　*81*

サ 行

最大値の原理　*79*
3角関数　*22, 43*
指数関数　*22, 42*
実解析的　*40*
実軸　*4*
実部　*2*
収束　*10*
収束円　*18*
収束半径　*18*
収束ベキ級数　*20*
種数　*148*
主値　*44*
主要部　*84*

シュワルツの分布　　78
純虚数　　2
初等関数　　23
真性特異点　　85
整関数　　80
正弦関数
　　——の無限積表示　　114
正則　　54
正則関数　　145
　　——の等角性　　145
　　——のベキ級数展開　　75
正の向き　　58, 66
積分路　　59
積分路変形の原理　　66
ゼータ関数　　107
絶対収束　　12
絶対値　　2
線形微分方程式　　134

タ 行

体　　3
代数学の基本定理　　3, 70, 80
対数関数　　22, 43
　　——の解析接続　　127
代数関数　　133
対数微分　　27
楕円関数　　36, 121
楕円積分　　36
多価関数　　44
単純極　　84
単純な曲線　　58
単純閉曲線　　58
単連結　　146
超関数　　79
超幾何級数　　23
超幾何微分方程式　　46, 138

通常点　　134
テイラー展開　　76
テータ関数　　120
デルタ関数　　78
等比級数　　12
特異点　　134
トーラス　　133, 148

ナ 行

滑らか　　58
2重級数　　13
2重数列　　13
2重対数関数　　25

ハ 行

発散　　10
微分
　　複素関数の——　　26
複素共役　　2
複素数　　1
複素数体　　3
複素数平面　　4
複素多様体　　147
複素平面　　4
部分分数分解　　97
分岐点　　131
分枝　　44
閉円板　　39
閉曲線　　57
平均値の性質　　79
ベキ級数　　17
　　点 c を中心とする——　　37
ベルヌーイ数　　34
偏角　　8
偏角の原理　　71

索　引——— 163

マ 行

無限遠点　*94*
無限積　*111*
　——の収束　*111*
モノドロミー行列　*136*

ヤ 行

ヤコビの3重積公式　*119*
優級数　*141*
有理関数　*97*
有理型　*97*

ラ 行

ラプラスの方程式　*55*
リウビルの定理　*80*
リーマン球面　*94*

リーマンの写像定理　*146*
リーマン–ヒルベルトの問題　*139*
リーマン面　*130*
　——の種数　*148*
　対数関数の——　*131*
　平方根の——　*130*
留数　*86*
留数定理　*87*
領域　*39*
累乗関数　*22, 45*
零点　*41*
ローラン展開　*82*
ロンスキアン　*140*

ワ 行

ワイエルシュトラスの M–判定法　*107*
ワイエルシュトラスの解析関数　*126*

神保道夫

1951 年生まれ
1974 年東京大学理学部数学科卒業
現在　京都大学名誉教授，東京大学名誉教授，
　　　立教大学名誉教授
専攻　数理物理学

現代数学への入門 新装版
複素関数入門

2003 年 12 月 12 日	第 1 刷発行
2022 年 12 月 26 日	第 23 刷発行
2024 年 10 月 17 日	新装版第 1 刷発行
2025 年 5 月 23 日	新装版第 4 刷発行

著　者　神保道夫

発行者　坂本政謙

発行所　株式会社 岩波書店
　　　　〒101-8002 東京都千代田区一ツ橋 2-5-5
　　　　電話案内 03-5210-4000
　　　　https://www.iwanami.co.jp/

印刷製本・法令印刷

© Michio Jimbo 2024
ISBN978-4-00-029926-8　　Printed in Japan

現代数学への入門 （全16冊〈新装版＝14冊〉）

高校程度の入門から説き起こし，大学2〜3年生までの数学を体系的に説明します．理論の方法や意味だけでなく，それが生まれた背景や必然性についても述べることで，生きた数学の面白さが存分に味わえるように工夫しました．

微分と積分1——初等関数を中心に	青本和彦	新装版 214頁	定価 2640円
微分と積分2——多変数への広がり	高橋陽一郎	新装版 206頁	定価 2640円
現代解析学への誘い	俣野 博	新装版 218頁	定価 2860円
複素関数入門	神保道夫	新装版 184頁	定価 2750円
力学と微分方程式	高橋陽一郎	新装版 222頁	定価 3080円
熱・波動と微分方程式	俣野博・神保道夫	新装版 260頁	定価 3300円
代数入門	上野健爾	新装版 384頁	定価 5720円
数論入門	山本芳彦	新装版 386頁	定価 4840円
行列と行列式	砂田利一	新装版 354頁	定価 4400円
幾何入門	砂田利一	新装版 370頁	定価 4620円
曲面の幾何	砂田利一	新装版 218頁	定価 3080円
双曲幾何	深谷賢治	新装版 180頁	定価 3520円
電磁場とベクトル解析	深谷賢治	新装版 204頁	定価 3080円
解析力学と微分形式	深谷賢治	新装版 196頁	定価 3850円
現代数学の流れ1	上野・砂田・深谷・神保	品 切	
現代数学の流れ2	青本・加藤・上野 高橋・神保・難波	岩波オンデマンドブックス 192頁 定価 2970円	

———————— 岩波書店刊 ————————

定価は消費税10%込です
2025年5月現在

松坂和夫
数学入門シリーズ(全6巻)

松坂和夫著　菊判並製

高校数学を学んでいれば，このシリーズで大学数学の基礎が体系的に自習できる．わかりやすい解説で定評あるロングセラーの新装版．

1	集合・位相入門 現代数学の言語というべき集合を初歩から	340 頁	定価 2860 円
2	線型代数入門 純粋・応用数学の基盤をなす線型代数を初歩から	458 頁	定価 3850 円
3	代数系入門 群・環・体・ベクトル空間を初歩から	386 頁	定価 3740 円
4	解析入門 上	416 頁	定価 3850 円
5	解析入門 中	402 頁	本体 3850 円
6	解析入門 下 微積分入門からルベーグ積分まで自習できる	446 頁	定価 3850 円

―― 岩波書店刊 ――

定価は消費税 10% 込です
2025 年 5 月現在

新装版 数学読本（全6巻）

松坂和夫著　菊判並製

中学・高校の全範囲をあつかいながら，大学数学の入り口まで独習できるように構成．深く豊かな内容を一貫した流れで解説する．

1	自然数・整数・有理数や無理数・実数などの諸性質，式の計算，方程式の解き方などを解説．	226 頁	定価 2310 円
2	簡単な関数から始め，座標を用いた基本的図形を調べたあと，指数関数・対数関数・三角関数に入る．	238 頁	定価 2640 円
3	ベクトル，複素数を学んでから，空間図形の性質，2次式で表される図形へと進み，数列に入る．	236 頁	定価 2750 円
4	数列，級数の諸性質など中等数学の足がためをしたのち，順列と組合せ，確率の初歩，微分法へと進む．	280 頁	定価 2970 円
5	前巻にひきつづき微積分法の計算と理論の初歩を解説するが，学校の教科書には見られない豊富な内容をあつかう．	292 頁	定価 2970 円
6	行列と1次変換など，線形代数の初歩をあつかい，さらに数論の初歩，集合・論理などの現代数学の基礎概念へ．	228 頁	定価 2530 円

――――――― 岩波書店刊 ―――――――

定価は消費税 10% 込です
2025 年 5 月現在

戸田盛和・広田良吾・和達三樹 編
理工系の数学入門コース
A5 判並製（全 8 冊）　　　［新装版］

学生・教員から長年支持されてきた教科書シリーズの新装版．理工系のどの分野に進む人にとっても必要な数学の基礎をていねいに解説．詳しい解答のついた例題・問題に取り組むことで，計算力・応用力が身につく．

微分積分	和達三樹	270 頁	定価 2970 円
線形代数	戸田盛和／浅野功義	192 頁	定価 2860 円
ベクトル解析	戸田盛和	252 頁	定価 2860 円
常微分方程式	矢嶋信男	244 頁	定価 2970 円
複素関数	表　実	180 頁	定価 2750 円
フーリエ解析	大石進一	234 頁	定価 2860 円
確率・統計	薩摩順吉	236 頁	定価 2750 円
数値計算	川上一郎	218 頁	定価 3080 円

戸田盛和・和達三樹 編
理工系の数学入門コース／演習 ［新装版］
A5 判並製（全 5 冊）

微分積分演習	和達三樹／十河　清	292 頁	定価 3850 円
線形代数演習	浅野功義／大関清太	180 頁	定価 3300 円
ベクトル解析演習	戸田盛和／渡辺慎介	194 頁	定価 3080 円
微分方程式演習	和達三樹／矢嶋　徹	238 頁	定価 3520 円
複素関数演習	表　実／迫田誠治	210 頁	定価 3410 円

――――― 岩波書店刊 ―――――
定価は消費税 10% 込です
2025 年 5 月現在

吉川圭二・和達三樹・薩摩順吉 編
理工系の基礎数学［新装版］
A5 判並製（全 10 冊）

理工系大学 1〜3 年生で必要な数学を，現代的視点から全 10 巻にまとめた．物理を中心とする数理科学の研究・教育経験豊かな著者が，直観的な理解を重視してわかりやすい説明を心がけたので，自力で読み進めることができる．また適切な演習問題と解答により十分な応用力が身につく．「理工系の数学入門コース」より少し上級．

微分積分	薩摩順吉	240 頁	定価 3630 円
線形代数	藤原毅夫	232 頁	定価 3630 円
常微分方程式	稲見武夫	240 頁	定価 3630 円
偏微分方程式	及川正行	266 頁	定価 4070 円
複素関数	松田　哲	222 頁	定価 3630 円
フーリエ解析	福田礼次郎	236 頁	定価 3630 円
確率・統計	柴田文明	232 頁	定価 3630 円
数値計算	髙橋大輔	208 頁	定価 3410 円
群と表現	吉川圭二	256 頁	定価 3850 円
微分・位相幾何	和達三樹	274 頁	定価 4180 円

——————————岩波書店刊——————————

定価は消費税 10% 込です
2025 年 5 月現在

戸田盛和・中嶋貞雄 編
物理入門コース [新装版]
A5 判並製（全 10 冊）

理工系の学生が物理の基礎を学ぶための理想的なシリーズ．第一線の物理学者が本質を徹底的にかみくだいて説明．詳しい解答つきの例題・問題によって，理解が深まり，計算力が身につく．長年支持されてきた内容はそのまま，薄く，軽く，持ち歩きやすい造本に．

力　学	戸田盛和	258 頁	定価 2640 円
解析力学	小出昭一郎	192 頁	定価 2530 円
電磁気学 I　電場と磁場	長岡洋介	230 頁	定価 2640 円
電磁気学 II　変動する電磁場	長岡洋介	148 頁	定価 1980 円
量子力学 I　原子と量子	中嶋貞雄	228 頁	定価 2970 円
量子力学 II　基本法則と応用	中嶋貞雄	240 頁	定価 2970 円
熱・統計力学	戸田盛和	234 頁	定価 2750 円
弾性体と流体	恒藤敏彦	264 頁	定価 3410 円
相対性理論	中野董夫	234 頁	定価 3190 円
物理のための数学	和達三樹	288 頁	定価 2860 円

戸田盛和・中嶋貞雄 編
物理入門コース／演習 [新装版]　A5 判並製（全 5 冊）

例解　力学演習	戸田盛和／渡辺慎介	202 頁	定価 3080 円
例解　電磁気学演習	長岡洋介／丹慶勝市	236 頁	定価 3080 円
例解　量子力学演習	中嶋貞雄／吉岡大二郎	222 頁	定価 3520 円
例解　熱・統計力学演習	戸田盛和／市村　純	222 頁	定価 3740 円
例解　物理数学演習	和達三樹	196 頁	定価 3520 円

――― 岩波書店刊 ―――
定価は消費税 10% 込です
2025 年 5 月現在

長岡洋介・原康夫 編
岩波基礎物理シリーズ[新装版]
A5 判並製（全 10 冊）

理工系の大学 1～3 年向けの教科書シリーズの新装版．教授経験豊富な一流の執筆者が数式の物理的意味を丁寧に解説し，理解の難所で読者をサポートする．少し進んだ話題も工夫してわかりやすく盛り込み，応用力を養う適切な演習問題と解答も付した．コラムも楽しい．どの専門分野に進む人にとっても「次に役立つ」基礎力が身につく．

力学・解析力学	阿部龍蔵	222 頁	定価 2970 円
連続体の力学	巽 友正	350 頁	定価 4510 円
電磁気学	川村 清	260 頁	定価 3850 円
物質の電磁気学	中山正敏	318 頁	定価 4400 円
量子力学	原 康夫	276 頁	定価 3300 円
物質の量子力学	岡崎 誠	274 頁	定価 3850 円
統計力学	長岡洋介	324 頁	定価 3520 円
非平衡系の統計力学	北原和夫	296 頁	定価 4620 円
相対性理論	佐藤勝彦	244 頁	定価 3410 円
物理の数学	薩摩順吉	300 頁	定価 3850 円

──────── 岩波書店刊 ────────
定価は消費税 10% 込です
2025 年 5 月現在